Jürgen Hesse
Hans Christian Schrader

Praxismappe
für die *perfekte* schriftliche Bewerbung

Mit ausführlicher Anleitung
sowie zahlreichen Formulierungshilfen
und Beispielen für Bewerbungsfotos

Mit CD-ROM!

berufs**strategie**

Eichborn

Liebe Leserin, lieber Leser,

 Mit diesem Buch erhalten Sie auch eine CD-ROM. Um auf die Inhalte zugreifen zu können, müssen Sie vor dem erstmaligen Gebrauch folgenden Code eingeben:

B 7 1 5 3

Auf der CD finden Sie zusätzliche Informationen zu allen Phasen der Bewerbung, u.a.:

- Musterbewerbungen zur direkten Übernahme in die Textverarbeitung
- Checklisten zum Ausdrucken
- Lerntests und Arbeitsblätter
- Direkte Links zu Jobbörsen

Die Autoren

Jürgen Hesse, geboren 1951, geschäftsführender Diplom-Psychologe im *Büro für Berufsstrategie*, Berlin.
Hans Christian Schrader, geboren 1952, Diplom-Psychologe in Berlin.

Anschrift der Autoren

Hesse/Schrader
Büro für Berufsstrategie
Oranienburger Straße 4-5
10178 Berlin
Tel. (030) 28 88 57 - 0
Fax (030) 28 88 57 - 36
www.berufsstrategie.de

Verlag und Autoren bedanken sich bei den auf den Bewerbungs-fotos abgebildeten Personen und bei den Fotografen Regine Peter, Tel. (030) 8 55 34 25, und Antonius, Tel. (030) 7 85 50 78.

© Eichborn AG, Frankfurt am Main, Februar 2006
Umschlaggestaltung: Christina Hucke
Lektorat: Thorsten Schulte
Innengestaltung: Nina Simon, Oliver Schmitt
Druck und Bindung: Fuldaer Verlagsanstalt, Fulda
ISBN 3-8218-5905-9

Verlagsverzeichnis schickt gern:
Eichborn Verlag, Kaiserstraße 66, D-60329 Frankfurt am Main
www.eichborn.de

Inhalt

Fast Reader

Die Lektüre dieses Buchs nimmt Ihnen zwar nicht die zeitintensive Aufgabe ab, schriftliche Bewerbungsunterlagen zu erstellen. Als Autoren wollen wir Ihnen aber dabei helfen, Sie durch alle Schwierigkeiten hindurch begleiten und beraten. Wir haben es uns zur Aufgabe gemacht, Ihnen zu Einladungen zum Vorstellungsgespräch zu verhelfen.

Unser beruflicher Hintergrund: Seit über zehn Jahren beraten wir in unserem Büro für Berufsstrategie erfolgreich Bewerber. Aus unserer täglichen Berufspraxis wissen wir, worauf es wirklich ankommt und wie man erfolgreich einen neuen Arbeitsplatz erobert.

Der Türöffner zum Vorstellungsgespräch sind die Bewerbungsunterlagen. Diese müssen einen interessanten und kompetenten Eindruck bei den Personalchefs hinterlassen. Wer Neugierde weckt, hat gute Chancen, sich auch persönlich vorstellen zu dürfen.

Das Unternehmen, bei dem Sie sich bewerben, hat die Hoffnung, Sie könnten die anstehenden Probleme besser lösen, die Arbeitsaufgaben effizienter bewältigen als andere Kandidaten.

Wie Sie optimal Ihre Bewerbungsunterlagen erstellen, wollen wir Ihnen zeigen. Dabei gehen wir Schritt für Schritt vor – vom Anschreiben über den so genannten Lebenslauf bis hin zu den Anlagen. Das Bewerbungsfoto und die Verpackung sollen auch nicht zu kurz kommen. Mithilfe von Beispielen erfolgreich eingesetzter schriftlicher Unterlagen, aber auch Negativbeispielen, können Sie sehen, was gut ankommt, und was nicht.

Weitere Bewerbungsbeispiele und viele zusätzliche Infos zum gesamten Bewerbungsverfahren finden Sie auf der CD-ROM, die diesem Buch beiliegt. Zahlreiche gut gestaltete Bewerbungen können Sie in Ihre Textverarbeitung übernehmen und mit Ihren eigenen Daten überschreiben.

Die Vorbereitung

Die Bewerbung ist Werbung in eigener Sache

Wer sich bewirbt, steht vor der nicht ganz leichten Aufgabe, Werbung in eigener Sache machen zu müssen: für die eigene Person und für die dem Arbeitgeber angebotene Dienstleistung. Im Klartext: Es geht jetzt darum, Ihr Know-how, Ihre Arbeitskraft erfolgreich zu »vermarkten«.

- Mit Ihrer schriftlichen Bewerbung geben Sie eine Art Visitenkarte ab, eine allererste Arbeitsprobe. Damit erzeugen Sie beim potenziellen Arbeitgeber einen ersten (hoffentlich positiven) Eindruck. Im Grunde haben Sie es – auch wenn Sie sich als klassischer Arbeitnehmer verstehen – eigentlich wie ein Unternehmer mit »Kunden« zu tun, den »Einkäufern« der von Ihnen angebotenen Arbeitskraft.
- Das Problem ist also: Wie überzeugen Sie den potenziellen »Kunden« (Arbeitsplatzanbieter), sich für die von Ihnen angebotene »Dienstleistung« (Ihre Arbeitskraft, Ihre Fähigkeiten) zu entscheiden (zunächst einmal mit der ersten Konsequenz, Sie zu einem Vorstellungsgespräch einzuladen).
- Der überzeugend formulierten schriftlichen Selbstdarstellung mittels beeindruckender, (nahezu) perfekt gestalteter Bewerbungsunterlagen kommt dabei eine entscheidende Bedeutung zu. Gute Bewerbungsunterlagen öffnen Ihnen die richtigen Türen zu Vorstellungsgesprächen in genau den Berufsfeldern und Unternehmen, zu denen Sie auch wirklich wollen.

- Ihr Bewerbungsvorhaben weist Parallelen zu gut gestalteten Werbeprospekten auf, die dem Kunden die Entscheidung leicht machen sollen, sich für den Kauf bestimmter Waren zu entscheiden. Den Vergleich »Werbeprospekt und Bewerbungsunterlagen« werden wir später weiter vertiefen, zunächst aber Folgendes:
- Bei der Erstellung Ihrer schriftlichen Bewerbungsunterlagen steht nicht die »Eroberung« eines Arbeitsplatzes im Vordergrund. Das können auch die besten Papiere nicht leisten, sondern nur Sie selbst in einem Vorstellungsgespräch. Ziel ist also die Einladung zu einem solchen Vorstellungsgespräch. Es bietet Ihnen die Möglichkeit, persönlich aufzutreten und zu überzeugen.
- Ihre Bewerbungsunterlagen sollten also etwas Essenzielles über Sie und Ihre Fähigkeiten, über Ihr Angebot zur Mitarbeit aussagen und dadurch eine Einladung zum Vorstellungsgespräch bewirken. Das ist Sinn und Zweck Ihrer Aktion.

Zum Einstieg zeigen wir Ihnen einige Beispielbewerbungen. Erkennen Sie den Unterschied?

ROSEMARIE REUTER
TORGAUER STR. 50
80993 MÜNCHEN
TELEFON/FAX: 089 / 256 345 80

Kemper & Söhne GmbH
Personalabteilung
Herrn J. Kemper
Kuckuckweg 69

86169 Augsburg   15.02.06

Ihre Anzeige in der Süddeutschen Zeitung vom 14.02.06

Sehr geehrte Damen und Herren!

Hiermit beziehe ich mich auf die o.g. Stellenanzeige und übersende Ihnen meine Bewerbungsunterlagen.
Ich glaube, dass ich gut Ihr Team mit meiner Person bereichern werde, und möchte gerne für Sie arbeiten.

Ich denke an eine Position mit beruflicher Verantwortung, in der ich meine Kenntnisse voll nutzen
und weitere Erfahrungen sammeln kann.

Ich bin ausgebildete Industriekauffrau und habe mich im Bereich Informationsmanagement
weitergebildet. Langjährige umfassende Erfahrungen in Büro-Administration und selbstständiger
Sachbearbeitung in der Chemiebranche ergänzen mein Profil.

Zurzeit bin ich in einer vom Arbeitsamt geförderten EDV-Fortbildungsmaßnahme. Deshalb könnte ich Ihnen
sehr kurzfristig zur Verfügung stehen. Weitere Details zu meinem Werdegang und meiner Person können
Sie auch den beigefügten Unterlagen entnehmen.

In einem persönlichen Gespräch würde ich Sie gern davon überzeugen, dass ich vielseitig und aktiv tätig
sein kann, um Ihr Unternehmen mit meiner Person zu bereichern.
Ich verbleibe

Hochachtungsvoll

Rosemarie Reuter

Rosemarie Reuter

PS: In der letzten Februar-Woche bin ich für zehn Tage verreist, höre aber regelmäßig meinen Anruf-
beantworter ab, sodass mich Ihre Nachricht sicherlich erreichen wird.

Anlagen

L e b e n s l a u f

Persönliche Daten:

Name	Rosemarie Reuter
Anschrift	Torgauer Str. 50
	80993 München
	Telefon/Fax: 089 / 256 345 80
Geburtsdatum	27.09.1964
Familienstand	ledig, keine Kinder

Schulbildung

1970 – 1980	Haupt- und Handelsschule Hamburg
1980 – 1984	Ausbildung zur Industriekauffrau Hamburg
1985 – 1988	Staatliches Abendgymnasium Hamburg
	Abschluss: Abitur

Beruflicher Werdegang

1984 – 1988	Industriekauffrau Hamburg
10/1988 – 06/1993	Chefsekretärin
	Chemie AG München
07/1993 – 03/1996	Informationsmanagement
	Pharma Grün München
Seit 04/1998	Informationsmanagement
	Altvater Chemie-Werke AG München

Weiterbildung

04/1996 – 03/1998	Ausbildung als staatl. geprüfte Dokumentarin
	Anerkennungsjahr Institut für Dokumentation München
Seit 01.01/2006	Weiterbildung EDV Arbeitsamt München

München, den 15. Februar 2006

ROSEMARIE REUTER

Torgauer Str. 50
80993 München
Tel./Fax: 089 / 256 345 80

Kemper & Söhne GmbH
Personalabteilung
Herrn J. Kemper
Kuckuckweg 69

86169 Augsburg   15.02.06

Ihre Anzeige in der Süddeutschen Zeitung vom 14.02.2006
Sachbearbeiterin

Sehr geehrter Herr Kemper,

in der o.a. Anzeige beschreiben Sie einen Arbeitsbereich, der mich in höchstem Maße interessiert
und auch meinen Fähigkeiten und Neigungen voll entspricht.

Kurz zu meiner Person:
Ich bin ausgebildete Industriekauffrau und habe mich im Bereich Informationsmanagement
erfolgreich weitergebildet. Langjährige umfassende Erfahrungen in Büro-Administration und an-
spruchsvoller, selbstständiger Sachbearbeitung in der Chemiebranche ergänzen mein Tätigkeitsprofil.

Aktuell befinde ich mich in einer vom Arbeitsamt geförderten EDV-Fortbildungsmaßnahme und
könnte Ihnen deshalb auch sehr kurzfristig zur Verfügung stehen.

Über eine Einladung zum Vorstellungsgespräch freue ich mich
und verbleibe

mit freundlichen Grüßen aus München

Rosemarie Reuter

PS: Ich würde mich sehr freuen, von Ihnen noch vor dem 23.02. zu hören, da ich dann beabsichtige,
      für etwa zehn Tage zu verreisen. Herzlichen Dank.

Anlagen

ROSEMARIE REUTER
Torgauer Str. 50
80993 München

Tel./Fax: 089 / 256 345 80

Bewerbung als
Sachbearbeiterin bei der

KEMPER & SÖHNE GMBH

ROSEMARIE REUTER

geboren 27.09.1964 in Hamburg

ledig, keine Kinder

angestrebte Tätigkeit: Sachbearbeiterin

BERUFSERFAHRUNG

04/1998 – 12/2003	**Altvater Chemie-Werke AG** **München** Position: Informationsmanagement Literaturrecherchen, Datenbankarbeit, Öffentlichkeitsarbeit
04/1996 – 03/1998	**Institut für Dokumentation** **München** Ausbildung u. Anerkennungsjahr als staatl. geprüfte Dokumentarin Schulung in Informationsmanagement, EDV u. Wirtschaftsenglisch
07/1993 – 03/1996	**Pharma Grün** **München** Position: Informationsmanagement Informationsplanung, Organisation, Fachkorrespondenz Erstellung von Werbemitteln
10/1988 – 06/1993	**Chemie AG** **München** Position: Chefsekretärin
1984 – 1988	**Industriekauffrau** **Hamburg**

SCHUL- UND BERUFSAUSBILDUNG

1985 – 1988	**Staatliches Abendgymnasium** **Hamburg** Abschluss: Abitur
1980 – 1984	**Ausbildung zur Industriekauffrau** **Hamburg**
1970 – 1980	**Haupt- und Handelsschule** **Hamburg**

Sprachkenntnisse

sehr gute Englischkenntnisse in Wort und Schrift
gute Orthographie-, Interpunktions- und Grammatikkenntnisse
der deutschen Sprache
Korrespondenzerfahrung

EDV-Erfahrung

MS Office Professional mit Textverarbeitung, Tabellenkalkulation und
Datenbankprogramm,
aktuelle Fortbildung EDV beim Arbeitsamt München
seit 01/2006

Kurzschrift

gute Stenografiekenntnisse und schreibtechnische Fertigkeiten

Führerschein

Klasse B

Engagement

Mitglied im Naturwissenschaftlichen Verein Berlin

Interessen

Wandern, Literatur des Bethel-Kreises

ZU MEINER PERSON

Mein Lebenslauf steht für kontinuierliche Weiterbildung, Leistungsbereitschaft und Lernfähigkeit.
Das Abitur am Abendgymnasium und die Qualifizierung zur Dokumentarin belegen dies.

Ich verfüge über fundierte Erfahrungen in den Bereichen Organisation und Administration.
Zu betonen sind meine guten Sprachkenntnisse und deren Anwendungssicherheit.

Die Arbeit hat in meinem Leben, da ich Single bin, einen besonderen Stellenwert, sodass konkrete
berufliche Ziele für mich eine wichtige Rolle spielen. Ich würde mich sehr gern mit vollem Engagement
der von Ihnen beschriebenen Aufgabe widmen.

München, 15. Februar 2006

Rosemarie Reuter

Zu den Unterlagen von Rosemarie Reuter

1. Version

Wie schlicht dieses erste **Anschreiben** und der einseitige **Lebenslauf** sind, erschließt sich nicht erst, wenn man beide mit der 2. Version verglichen hat. Trotzdem: Die Anrede »Sehr geehrte Damen und Herren« ist ein schlimmer Fehler, insbesondere dann, wenn offensichtlich ein Ansprechpartner bekannt ist (Herr Kemper). Aber auch die langweilige Standarderöffnung (»Hiermit bewerbe ich mich …«) ist nicht empfehlenswert.

»Ich glaube …«, »Ich denke …«, »Ich bin …« sind Satzanfänge, die in dieser Form ein weiteres Lesen kaum wahrscheinlich werden lassen. Die Stilblüte zum Abschluss (»… mit meiner Person bereichern«) wird nur noch durch das altmodische »Hochachtungsvoll« getoppt. Aber auch die maschinenschriftliche Wiederholung des Namens sowie das »PS« sind gute Beispiele, wie man es *nicht* machen sollte.

Der kurze, einseitige **Lebenslauf** mit dem viel zu kleinen **Foto** löst keine Neugier auf die Bewerberin aus. Die Form ist einfach zu schlicht, zu langweilig. Hinzu kommt die Frage, was die Kandidatin aktuell eigentlich macht? Sie suggeriert, noch beschäftigt zu sein und provoziert gleichzeitig deutliche Nachfragen. Dabei muss ziemlich schnell der aktuelle Status herauskommen und der so fragende Personalentscheider wird sich wie ein Detektiv fühlen, leider aber auch mit der sehr wahrscheinlichen Konsequenz für Frau Reuter, sie abzulehnen. Auch die Formulierung »München, den 15. Februar 2006« schreibt man so nicht und vergisst auch nicht zu unterschreiben. Aber aus Fehlern lernen wir. Alles in allem: Der Misserfolg dieser Bewerbung ist garantiert.

2. Version

Ein angenehm kurzes **Anschreiben** verdeutlicht, dass die Bewerberin sich auf eine Anzeige meldet, ohne vorab telefoniert zu haben (leider!). Da sie der Anzeige aber den Namen entnehmen konnte, ist eine direkte Ansprache trotzdem möglich. Die Kandidatin stellt sich kurz vor und schließt selbstbewusst (ohne Konjunktiv) mit der Formulierung »… über eine Einladung freue ich mich«. Insgesamt ein gut und ansprechend gestaltetes Anschreiben, das bestimmt positive Aufmerksamkeit

weckt. Ob die Bewerberin bereits hier mehr zu ihrem aktuellen Status (arbeitslos, aber Fortbildung oder gar ihr Alter) hätte mitteilen sollen, kann kontrovers diskutiert werden. Die gewählte Präsentationsform löst bestimmt Interesse aus. Obwohl sich die Kandidatin offensichtlich aus der Arbeitslosigkeit (bzw. Fortbildung) heraus bewirbt, hat sie eine interessante Vortragsform gefunden und umgeht auf den nachfolgenden Seiten dieses problematische Thema recht elegant.

Die grafische Gestaltung (**Deckblatt** als konsequente Fortsetzung des Briefkopfes) ist auf den folgenden Seiten sehr ansprechend gewählt, einfallsreich und gleichzeitig übersichtlich. Das fast quadratische Fotoformat ist ein echter »Hingucker«. Jetzt sehen wir mehr, und das **Foto** (mit Hintergrund Türrahmen) beschäftigt den Betrachter schon etwas länger. Die gezeigte Körperhaltung strahlt Kraft und Energie aus.

Beachten Sie auch, dass der Kopf ein wenig »angeschnitten« ist. Wir haben hier noch eine Alternative. Welche bevorzugen Sie?

Alternativbild zu den Bewerbungsunterlagen von Rosemarie Reuter. Vergleichen Sie dazu die Bewerbungsfotos auf → Seite 7 und → Seite 9.

Die für die **berufliche Entwicklung** gewählte knappe Präsentationsform kommt ohne die traditionelle Überschrift »Lebenslauf« aus (bravo!) und beinhaltet ein gutes Maß an Information. Die Themenabfolge »Beruf« (inklusive Weiterbildung) – »Schule« – »Berufsausbildung« ist sofort überzeugend. Die besonderen Kenntnisse und Fähigkeiten werden vielleicht sogar einen Tick zu massiv dargestellt bzw. wiederholt. Die Abschnitte »Engagement« und »Interessen« führen sicherlich zu Nachfragen, und das unten angefügte Statement ist nicht nur außergewöhnlich, sondern auch ein guter Grund für eine Einladung. Natürlich fehlen nur hier im Buch aus Platzgründen die Anlagen und das sinnvolle Anlagenverzeichnis.

Einschätzung

Ein sehr gutes Auftaktbeispiel.

Wissen, worauf es ankommt, damit Sie gut ankommen

Wie gehen die Spielregeln und wie lautet Ihre Botschaft?

Die zentrale Frage und Herausforderung zu Beginn Ihrer (schriftlichen) Bewerbungsaktivitäten lautet: Was ist Ihre »Botschaft« und wie gelingt es Ihnen, diese optimal »rüberzubringen«?

Wir haben es mit einer Werbeaktion in eigener Sache zu tun. Daher ist es nicht nur gerechtfertigt, sondern auch hilfreich, sich zu verdeutlichen, dass Sie mit Ihren schriftlichen Bewerbungsunterlagen eine Art »Verkaufsprospekt« herstellen. Dieser besteht üblicherweise aus mehreren Unterlagen:

- Bewerbungsanschreiben
- Lebenslauf
- Foto
- Arbeits- und Zeugniskopien

Weitere Anlagen können sein:

- Zertifikate über besondere Fortbildungen, Kurse usw.
- evtl. eine Handschriftenprobe
- in seltenen Fällen Referenzen/Empfehlungen oder gar das polizeiliche Führungszeugnis.

Bevor Sie sich der Aufgabe widmen, eine Botschaft in eigener Sache zu entwickeln (s. Seite 50 ff.), sollten Sie sich vorbereiten. Sie müssen verstehen, worauf es wirklich ankommt, wie die Spielregeln lauten. Studieren, recherchieren, probieren – und handeln. Sie sind bereits mitten drin und lernen in Crashkurs-Manier die wichtigsten Grundlagen, die entscheidenden Weichensteller.

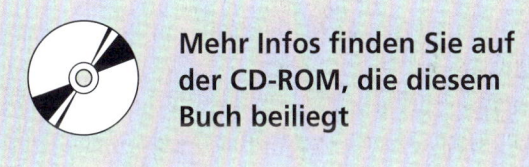

Mehr Infos finden Sie auf der CD-ROM, die diesem Buch beiliegt

Selbstreflexion

Wir alle kennen das Phänomen: Für eine fremde Sache oder andere Personen können wir uns viel besser engagieren; es gelingt uns, die Interessen anderer häufig viel erfolgreicher zu vertreten als unsere eigenen Belange. Erwiesenermaßen versagen auch oft erfolgreiche Top-Führungskräfte, wenn es darum geht, die eigenen Qualitäten und Leistungen in der Prüfungssituation Bewerbung prägnant auf den Punkt zu bringen und überzeugend darzustellen.

Es ist daher gerade in der Bewerbungssituation wichtig, sich über die eigene Situation – persönlich wie beruflich – klar zu werden und die eigenen Stärken und Fähigkeiten herauszuarbeiten.

Die folgenden Fragen werden Ihnen bei der Selbstreflexion helfen. Beantworten Sie die Fragen bitte schriftlich. Versuchen Sie, aus den Antworten zu jeder einzelnen Frage Schlüsselworte zu entwickeln, die Ihre Situation treffen.

Zur persönlichen Situation

- Was haben Sie bisher in Ihrem Leben erreicht?
- Was haben Sie bisher trotz guter Vorsätze nicht erreicht, und warum nicht?
- Was missfällt Ihnen an Ihrer jetzigen persönlichen Situation?
- Was möchten Sie an Ihrer jetzigen persönlichen Situation am schnellsten ändern, und was kann noch warten?
- Wie sieht Ihre Partner- bzw. Familiensituation aus? Gibt es da größere Probleme?
- Wer fördert oder behindert Sie in Ihrer persönlichen Entwicklung?
- Welchen Einfluss auf Ihre persönlichen Zielvorstellungen und Entscheidungen haben Ihr(e) Partner(in), Ihre Kinder, Freunde und andere Bezugspersonen?

- Welche Ihrer persönlichen Eigenschaften und Fähigkeiten sind für Ihre Mitmenschen besonders wertvoll und wichtig?
- Welchen Einfluss hätte Ihre angestrebte Berufstätigkeit vermutlich auf Ihr Privatleben, und welchen Einfluss hat Ihr Privatleben umgekehrt auf Ihren Beruf?
- Welche persönlichen Gründe sprechen gegen einen Arbeitsplatz-, Branchen- oder Berufswechsel?
- Welche persönlichen Gründe sprechen gegen einen Ortswechsel?
- Fühlen Sie sich einer deutlichen Veränderung des Lebensumfeldes gewachsen?

Zur beruflichen Situation

- Was haben Sie bisher beruflich erreicht?
- Was haben Sie bisher trotz aller Vorsätze beruflich nicht erreicht? Woran lag das?
- Wie entsteht bei Ihnen berufliche Zufriedenheit oder Unzufriedenheit?
- Was missfällt Ihnen an Ihrer jetzigen beruflichen Situation?
- Was möchten Sie an Ihrer jetzigen beruflichen Situation am schnellsten ändern? Was kann noch warten?
- Welche Ihrer beruflichen Kenntnisse und Fähigkeiten sind für Ihren zukünftigen Arbeitgeber und Ihre Kollegen besonders wertvoll und wichtig?
- Fühlen Sie sich in beruflicher Hinsicht zurzeit eher über- oder unterfordert?
- Welche Gründe gibt es dafür?
- Wie kommen Sie mit Ihren Vorgesetzten und Kollegen aus?
- Welche beruflichen Förderer haben Sie? Wer legt Ihnen Steine in den Weg? Wer könnte das in Zukunft sein?
- Welche Position streben Sie an?
- Wie viel wollen Sie verdienen?

- Welche Chancen für Entwicklung und Aufstieg haben Sie an Ihrem jetzigen Arbeitsplatz?
- Wie sind die generellen Zukunftsaussichten an Ihrem Arbeitsplatz (in Ihrer Branche, in Ihrem Beruf)?
- Welche beruflichen Schwierigkeiten sehen Sie in der Zukunft für sich?
- Sind Sie mit den Leistungen (Bezahlung, Sozialleistungen, Extras) Ihres jetzigen Arbeitgebers zufrieden?
- Welchen Einfluss auf Ihre beruflichen Zielvorstellungen und Entscheidungen haben Ihr(e) Partner(in), Ihre Kinder, Freunde und andere Bezugspersonen?
- Welche Gründe sprechen für einen beruflich begründeten Ortswechsel?
- Sind Sie flexibel?
- Trauen Sie sich zu, eine völlig neue berufliche Aufgabe zu übernehmen?

Es steht außer Zweifel: Jeder Mensch besitzt im persönlichen wie im beruflichen Bereich Qualitäten. Die Frage ist nur, ob Sie diese wirklich kennen und in der schriftlichen Bewerbung angemessen darstellen können, sodass Ihr Gegenüber, der Leser Ihrer Bewerbungsunterlagen, Interesse an Ihrer Person bekommt und den Wunsch hat, Sie persönlich kennen zu lernen.

Sie kommen also höchstwahrscheinlich nicht darum herum, eine neue Form der Selbstdarstellung zu erlernen. Für die Bewerbungssituation – ob als Berufseinsteiger oder beim Arbeitsplatzwechsel – gelten spezielle Spielregeln und Kommunikationsformen. Gerade in dieser Situation ist es jetzt besonders notwendig, sich selbst gut zu managen, sich erfolgreich zu vermarkten.

Aus der Welt der Werbung kennen wir dafür die Bezeichnung »USP«. Sie steht für *unique selling proposition* und bedeutet in der Übersetzung ungefähr: besonderes Verkaufsmerkmal. Sie wissen: Es gibt jede Menge Erfrischungsgetränke. Dazu zählen auch koffeinhaltige Limonaden. Bei einer speziellen Marke geht es aber um viel mehr. Es geht um eine Art Lifestyle, eine Ideologie, ein Nationen übergreifendes Gefühl. Wir meinen – Sie wissen es längst – Coca-Cola. Neben Geschmack, Aussehen und den typisch durstlöschenden Eigenschaften hat dieses Produkt noch etwas mehr zu bieten. Und das macht für den Käufer den besonderen Nutzen aus. Das eben ist der USP, das Unterscheidungsmerkmal gegenüber anderen ähnlichen Getränken.

Auf den nächsten Seiten sehen Sie eine Einschätzungsliste wichtiger Fach- und Persönlichkeitsmerkmale. Bearbeiten Sie diese Liste. Was fällt Ihnen zu einzelnen Merkmalen, was zu den Merkmalsgruppen insgesamt ein? Wo liegen Ihre Stärken, wo Ihre Schwächen? Welche Botschaft lässt sich aus Ihren positiven Fähigkeiten für Ihren »Kunden«, den potenziellen Arbeitgeber, formulieren? Mit welchen Defiziten müssen Sie sich ernsthaft auseinandersetzen, wenn Sie Ihre Dienstleistung erfolgreich vermarkten wollen? Welche Schwächen können Sie getrost vernachlässigen?

In einem zweiten Schritt sollten Sie dann mit einem farbigen Stift jeweils die Qualifikationsmerkmale markieren, von denen Sie glauben, dass sie von Arbeitgebern Ihres Wunschbereichs erwartet und für wichtig gehalten werden. Der Vergleich dieser beiden Profile (Selbstbild vs. imaginäres Idealbild) zeigt Ihnen den Unterschied zwischen Wunsch und Wirklichkeit. Verbinden Sie die Markierungen zur besseren Anschaulichkeit mit einer Linie und denken Sie darüber nach, was Ihnen das Ergebnis sagen könnte.

Die folgende Selbstbeurteilungsskala wird Ihnen dabei helfen, Ihren persönlichen Standort etwas detaillierter zu bestimmen. Sie finden eine umfangreiche Liste von Kompetenzmerkmalen. Wie schätzen Sie sich selbst bezüglich der aufgeführten Fähigkeiten ein? Es geht zunächst allein um Ihre persönliche Einschätzung.

+3 = sehr stark ausgeprägt
+2 = deutlich ausgeprägt
+1 = ausgeprägt
 0 = teils/teils
-1 = weniger ausgeprägt
-2 = schwach ausgeprägt
-3 = sehr schwach ausgeprägt

Persönlichkeit / Kommunikationsfähigkeit / Soziale Kompetenz

Sensibilität	+3	+2	+1	0	-1	-2	-3
Fähigkeit zum Zuhören	+3	+2	+1	0	-1	-2	-3
Kontaktfähigkeit	+3	+2	+1	0	-1	-2	-3
Aufgeschlossenheit	+3	+2	+1	0	-1	-2	-3
Teamorientierung	+3	+2	+1	0	-1	-2	-3
Kooperationsfähigkeit	+3	+2	+1	0	-1	-2	-3
Anpassungsfähigkeit	+3	+2	+1	0	-1	-2	-3
Kompromissbereitschaft	+3	+2	+1	0	-1	-2	-3
Diplomatie	+3	+2	+1	0	-1	-2	-3
Verhandlungsgeschick	+3	+2	+1	0	-1	-2	-3
Integrationsvermögen	+3	+2	+1	0	-1	-2	-3
Überzeugungspotenzial	+3	+2	+1	0	-1	-2	-3
Begeisterungsfähigkeit	+3	+2	+1	0	-1	-2	-3
Durchsetzungsfähigkeit	+3	+2	+1	0	-1	-2	-3
Motivationsfähigkeit	+3	+2	+1	0	-1	-2	-3
Sprachliches Ausdrucksvermögen	+3	+2	+1	0	-1	-2	-3
Schriftliches Ausdrucksvermögen	+3	+2	+1	0	-1	-2	-3
Rhetorische Fähigkeiten	+3	+2	+1	0	-1	-2	-3
Teamfähigkeit	+3	+2	+1	0	-1	-2	-3
Anpassungsbereitschaft	+3	+2	+1	0	-1	-2	-3
Soziale Kompetenz	+3	+2	+1	0	-1	-2	-3
Kommunikationsfähigkeit	+3	+2	+1	0	-1	-2	-3

Selbstständigkeit

Zielstrebigkeit	+3	+2	+1	0	-1	-2	-3
Selbstbewusstsein	+3	+2	+1	0	-1	-2	-3
Verantwortungsbewusstsein	+3	+2	+1	0	-1	-2	-3
Kritikfähigkeit	+3	+2	+1	0	-1	-2	-3
Selbstbeherrschung	+3	+2	+1	0	-1	-2	-3
Zuverlässigkeit	+3	+2	+1	0	-1	-2	-3
Toleranzfähigkeit	+3	+2	+1	0	-1	-2	-3
Unerschrockenheit	+3	+2	+1	0	-1	-2	-3
Bereitschaft, Verantwortung zu übernehmen	+3	+2	+1	0	-1	-2	-3

Entscheidungsverhalten

Risikobereitschaft	+3	+2	+1	0	-1	-2	-3
Entscheidungfähigkeit	+3	+2	+1	0	-1	-2	-3
Sicherheitsdenken	+3	+2	+1	0	-1	-2	-3
Delegationsbereitschaft	+3	+2	+1	0	-1	-2	-3
Delegationsfähigkeit	+3	+2	+1	0	-1	-2	-3
Belastbarkeit	+3	+2	+1	0	-1	-2	-3
Stresstoleranz	+3	+2	+1	0	-1	-2	-3
Lebensfreude	+3	+2	+1	0	-1	-2	-3
Flexibilität	+3	+2	+1	0	-1	-2	-3
Repräsentationsvermögen	+3	+2	+1	0	-1	-2	-3

Leistungsmotivation

Arbeitsmotivation/-wille	+3	+2	+1	0	-1	-2	-3
Tatkraft	+3	+2	+1	0	-1	-2	-3
Führungsmotivation/-wille/ -fähigkeit	+3	+2	+1	0	-1	-2	-3
Eigeninitiative	+3	+2	+1	0	-1	-2	-3
Autonomie	+3	+2	+1	0	-1	-2	-3
Durchsetzungsvermögen	+3	+2	+1	0	-1	-2	-3
Selbstvertrauen	+3	+2	+1	0	-1	-2	-3
Ehrgeiz	+3	+2	+1	0	-1	-2	-3
Zielstrebigkeit	+3	+2	+1	0	-1	-2	-3
Durchhaltevermögen	+3	+2	+1	0	-1	-2	-3
Durchsetzungsvermögen	+3	+2	+1	0	-1	-2	-3
Frustrationstoleranz	+3	+2	+1	0	-1	-2	-3
Erfolgsorientierung	+3	+2	+1	0	-1	-2	-3
Tatkraft	+3	+2	+1	0	-1	-2	-3
Vitalität	+3	+2	+1	0	-1	-2	-3
Leistungsbereitschaft	+3	+2	+1	0	-1	-2	-3
Idealismus	+3	+2	+1	0	-1	-2	-3
Identifikationsbereitschaft mit Unternehmen/Institution	+3	+2	+1	0	-1	-2	-3

Fähigkeit zur Selbstkontrolle / Aktivitätspotenzial

Autonomie	+3	+2	+1	0	-1	-2	-3
Selbstständigkeit	+3	+2	+1	0	-1	-2	-3
Verantwortungsbewusstsein	+3	+2	+1	0	-1	-2	-3
Zuverlässigkeit	+3	+2	+1	0	-1	-2	-3
Selbstdisziplin	+3	+2	+1	0	-1	-2	-3
Stresstoleranz	+3	+2	+1	0	-1	-2	-3
Ausdauer	+3	+2	+1	0	-1	-2	-3
Belastbarkeit	+3	+2	+1	0	-1	-2	-3
Geduld	+3	+2	+1	0	-1	-2	-3
Pflichtbewusstsein	+3	+2	+1	0	-1	-2	-3
Loyalität	+3	+2	+1	0	-1	-2	-3

Systematisch-zielorientiertes Denken und Handeln

Analytisches Denken	+3	+2	+1	0	-1	-2	-3
Konzeptionelles Planen	+3	+2	+1	0	-1	-2	-3
Planvolles Vorgehen	+3	+2	+1	0	-1	-2	-3
Kombinatorisches Denken	+3	+2	+1	0	-1	-2	-3
Effiziente Arbeitsorganisation	+3	+2	+1	0	-1	-2	-3
Entscheidungsvermögen	+3	+2	+1	0	-1	-2	-3

Allgemeine Merkmale

	+3	+2	+1	0	-1	-2	-3
Kosten/Nutzen-Bewusstsein	+3	+2	+1	0	-1	-2	-3
Unternehmerisches Denken	+3	+2	+1	0	-1	-2	-3
Systematische Arbeitsorganisation	+3	+2	+1	0	-1	-2	-3
Zieldefinitionsfähigkeit	+3	+2	+1	0	-1	-2	-3
Arbeitseffizienz	+3	+2	+1	0	-1	-2	-3
Gesunder Materialismus	+3	+2	+1	0	-1	-2	-3
Physische Fitness	+3	+2	+1	0	-1	-2	-3
Gesundheitliches Wohlbefinden	+3	+2	+1	0	-1	-2	-3
Psychische Konstitution	+3	+2	+1	0	-1	-2	-3
Selbstkontrollfähigkeiten	+3	+2	+1	0	-1	-2	-3

Welche Fähigkeiten sind bei Ihnen besonders ausgeprägt? Und welche Ihrer Fähigkeiten machen Ihnen besondere Freude? Wenn Sie diese Frage nicht beantworten können, hilft Ihnen vielleicht die folgende Liste von Verben, Ihre Begabungen zu beschreiben. Unterstreichen Sie zunächst die Wörter, die Ihre Stärken bezeichnen. Fügen Sie weitere Fähigkeiten hinzu, die Ihrer Meinung nach in der Liste fehlen. Überlegen Sie dann, in welchen Berufen diese Fähigkeiten gebraucht werden. Hüten Sie sich davor, aus Ihren Talenten gleich auf eine bestimmte Berufsrichtung zu schließen, denn Talente können in vielen verschiedenen Berufen eingesetzt werden. Halten Sie sich zunächst noch alle Türen offen.

analysieren anbieten anbringen anleiten annähern anpassen anpreisen anregen anwerben arrangieren auflösen aufnehmen aufstellen aufwerten ausdehnen ausdrücken ausgraben ausstellen auswählen bauen beantworten bedienen beeinflussen befragen begreifen behandeln bekommen beliefern benutzen beobachten beraten berichten beschützen bestellen betreuen bewerten beziehen darstellen definieren dekorieren diagnostizieren dienen drucken einführen einordnen einschätzen einsetzen einspringen empfangen empfehlen entdecken entscheiden entwickeln erfinden erforschen erhalten erinnern erklären erstellen erneuern erreichen erschaffen erwerben erzählen fahren festigen feststellen finanzieren folgen formen formulieren fotografieren fühlen führen geben gebrauchen gestalten gewinnen großziehen gründen halten heben helfen herausgeben herausfinden herausziehen herstellen hervor-

heben identifizieren illustrieren improvisieren informieren inspizieren integrieren interviewen kochen komponieren kommunizieren kontrollieren koordinieren kritisieren lehren leiten lernen lesen liefern lösen malen manipulieren meistern motivieren nachforschen nähen nehmen organisieren planen programmieren publizieren rechnen reden rehabilitieren reisen reparieren restaurieren richten riskieren sammeln schreiben singen sortieren spielen sprechen steuern systematisieren tanzen teilen testen trainieren treffen trennen überblicken übergeben überprüfen übersetzen überwachen überzeugen umschreiben unterhalten unternehmen unterrichten unterstützen verantworten verarbeiten verbalisieren verbessern verbinden vereinen vergrößern verhandeln verkaufen verkleinern versammeln verschreiben versöhnen versorgen verstärken verstehen vertreiben vertreten vervollständigen verweisen visualisieren voraussagen vorbereiten vorführen vorstellen vorwegnehmen wiederfinden wiegen zeichnen zeigen züchten zuhören zusammenbauen zusammenfassen

Sie haben jetzt erarbeitet, wo Ihre Stärken liegen. Sie haben sich vergegenwärtigt, welches Ihre Interessen sind, was Sie besonders gerne machen. Diese Erkenntnis hilft Ihnen sowohl bei der Berufswahl als auch bei der Wahl des richtigen Unternehmens. Mit Ihrem persönlichen Profil können Sie bei der Jobsuche zielgerichtet vorgehen.

Vor einer Bewerbung sollten Sie sich gründlich über die Unternehmen informieren, die infrage kommen. Finden Sie heraus, welche Aufgaben und Projekte im Mittelpunkt stehen, welche Bedürfnisse, Probleme und Herausforderungen damit verbunden sind. Welche Ziele werden verfolgt? Welche Hindernisse sind zu überwinden? Überlegen Sie sich dann, wie Sie bei der Verwirklichung der Unternehmensziele mithelfen können. Schließlich wollen Sie in Ihren Bewerbungsunterlagen und im Vorstellungsgespräch vor allem zeigen, dass Sie etwas anzubieten haben, was gebraucht wird und was gerade Sie aus der Menge potenzieller oder sogar vorhandener Kandidaten heraushebt.

Wie Sie es anstellen, eingestellt zu werden

Stellen Sie sich vor: Sie sind in Hollywood.

Was Sie da machen? Eigentlich logisch, Sie sind im Filmbusiness tätig: als Filmproduzent. Sie entscheiden, in welches Filmgenre Sie das Ihnen anvertraute Geld investieren. Soll es ein Western, Krimi, Kriegsfilm oder eine Komödie, ein Liebesfilm werden? Sie tragen Verantwortung, müssen sich entscheiden. Der Film soll beim Publikum gut ankommen. Sie haben eine Botschaft zu vermitteln. Nach der Entscheidung für das Genre suchen Sie sich einen Drehbuchautor, einen Regisseur, und bei der Besetzung der Hauptrolle entscheiden Sie mit.

Im Bewerbungsverfahren werden alle diese Positionen von Ihnen ausgefüllt. Sie sind Ihr eigener Produzent, entscheiden wie und vor allem als was Sie sich präsentieren wollen. Sie schreiben selbst Ihr Drehbuch, entwickeln eine Dramaturgie, setzen sich mit Ihren Bewerbungsunterlagen in Szene – zunächst auf dem Papier. Später, wenn Sie eingeladen werden, sind logischerweise Sie der Hauptdarsteller (in eigener Sache).

Begreifen Sie, welche Möglichkeiten Sie haben. Nachdem Sie wissen, wer Sie sind und was Sie anzubieten haben, geht es um Konzept und Planung Ihrer Bewerbungsmappe. Ein Beispiel haben Sie bereits gesehen, gleich folgen weitere. Vielleicht gefällt Ihnen diese oder jene Darstellungsweise besonders gut.

Jetzt stehen Sie vor der Aufgabe, zu entscheiden, wie Ihre Unterlagen aussehen sollen. Dabei geht es nicht um das (ganz) Äußere, die Papiersorte, die Form der Bindung, die Präsentation, sondern zunächst darum, welche Seiten Sie grundsätzlich planen, mit welchen Informationen und Botschaften Sie sich an den Leser wenden wollen.

Folgende Elemente sind in Ihrer Bewerbungsmappe vorstellbar:

- eine erste Seite als Titelblatt
- eine Seite mit Ihrem Foto, den persönlichen Daten, Erfahrungen o. Ä.
- mehrere Seiten zu den Stationen Ihres Berufslebens, zum beruflichen Ausbildungs- und Werdegang
- eine Extraseite zu Aus- bzw. Fortbildungen oder Arbeitsschwerpunkten, zu besonderen Fähigkeiten, Interessen, Hobbys etc.
- eine Dritte Seite mit einer besonderen Botschaft an den Leser Ihrer Bewerbungsunterlagen
- eine Seite Anlagenverzeichnis
- mehrere Seiten mit sinnvollen Anlagen wie Arbeits- und Ausbildungszeugnissen

Ob in dieser oder in einer ganz anderen Abfolge, ob mit Extraseite oder gleich ohne Deckblatt in medias res, rein in Ihren beruflichen Werdegang, Ihre Entwicklung, Sie müssen sich jetzt vorab überlegen, wie Sie Ihren Werbeprospekt in eigener Sache komponieren wollen.

Am wichtigsten ist dabei natürlich Ihre Botschaft an den Leser. Ihr Ziel: Sie müssen den Leser Ihrer Unterlagen »einfangen«. Er soll sich festlesen, Interesse an Ihrer Person entwickeln, Sie unbedingt kennen lernen wollen und deshalb zum Vorstellungsgespräch einladen.

Schauen wir uns erst noch einige weitere Beispiele in der Vorher-nachher-Version an. Achten Sie auch auf die verschiedenen Elemente der Bewerbung und die Abfolge, das »Drehbuch«.

Christian Claussen
Staatl. geprüfter Hotelbetriebswirt
Wilfriedstr. 45
33649 Bielefeld
Tel.: (0521) 357 29 48
e-mail: Ch.Claussen@gmx.de

Hotel Deutsches Haus
Personalabteilung
Schwarzer Weg 23

24939 Flensburg

Bielefeld, den 03.10.2005

Ihre Stellenanzeige

Sehr geehrte Damen und Herren,

hiermit möchte ich mich auf Ihre Stellenanzeige bewerben, da mich die ausgeschriebene Position sehr reizt und ich nach Flensburg übersiedeln möchte, da
meine Frau dorthin beruflich versetzt wurde.

Seit Januar 2004 bin ich Verkaufsleiter in ungekündigter Position in einem Kongresshotel in Bielefeld und bin dort für 10 Mitarbeiter verantwortlich. Die von
Ihnen verlangten Anforderungen decke ich größtenteils durch meine bisherige
Berufserfahrung ab. Sollten meine Kenntnisse in dem einen oder anderen Bereich nicht ausreichend sein, bin ich auch gern bereit, mich jederzeit weiterzubil-
den. Ich hoffe, dass die Gelegenheit zur Fortbildung in Ihrem Betrieb unterstützt
wird. Ferner ist mir ein kooperativer Führungsstil unter Berücksichtigung von
Teamstrukturen wichtig. Dies würde ich gern in der von Ihnen ausgeschriebenen
Position anwenden.

Ich würde mich sehr freuen, wenn ich mit dieser Bewerbung Ihr Interesse geweckt habe und Sie mich zu einem persönlichen Gespräch einladen würden.

Mit freundlichen Grüßen

Christian Claussen

Lebenslauf

Lebenslauf

Christian Claussen

geboren am 04.04.1969 in Stuttgart

verheiratet, zwei Kinder, 12 und 16 Jahre alt

Schule und berufliche Ausbildung

08/76 – 06/85	Grund- und Hauptschule in Willingen
07/85 – 07/88	Ausbildung zum Koch im Höhenhotel Berghaus, Wesslingen/Neckar
09/94 – 06/95	Weiterbildung: Berufsoberschule in Münster (Fachschulreife)

Fachschulstudium

09/98 – 06/00	Wirtschaftsfachschule für Hotellerie und Gastronomie in Dortmund
25.06.2000	Abschlussprüfung zum staatlich geprüften Betriebswirt für das Hotel- und Gaststättenwesen mit bestandener Ausbildereignungsprüfung

Seminare und Praktika

07 – 10/98	Reservierungs- und Empfangsabteilung Praktikum im Hotel Astro, Wiesbaden
01 – 06/99	Reservierungs- und Verkaufsabteilung Praktikum Hotel v. Korff, Berlin-Charlottenburg
01/99	Prüfung zum „Anerkannten Fachberater für Deutschen Wein" Deutsches Weinbauinstitut, Mainz
03/02	Public Relations im Hotel- und Gaststättengewerbe Karla Dicks, Chefredakteurin NGZ service manager
09/03	- Controlling - Produkt-Marketing und -Werbung - strategische Unternehmensführung Seminare bei der Unternehmensberatung Hell, Berlin

Berufsausübung

07/85 – 07/88	Ausbildung zum Koch Höhenhotel Berghaus, Wesslingen/Neckar
01/89 – 03/90	Koch Hotel-Restaurant Zur Linde, Heilbronn
04/90 – 03/91	Demi-Chef Entremetier Hotel Hirsch, Fellbach/Schwarzwald
04/91 – 12/92	Chef-Entremetier Hotel-Restaurant Rössle, Waldenburg bei Stuttgart
01/93 – 08/94	Kfm. Angestellter Verkauf (Gastronomie, Abt. Food) REWE-Süd-Großhandel, Spellbach
07/95 – 03/96	Chef-Entremetier / Chef de Rotisseur Hotel-Restaurant Poch, Bellingen
04/96 – 08/97	Stellvertretender Küchenchef (Sous-Chef) Hotel-Restaurant Poch, Bellingen
07/99 – 06/00	Direktionsassistent Astro Hotel, Wiesbaden
07/00 – 12/03	Verkaufsleiter / stellv. Geschäftsführer ABC-Hotel GmbH, Berlin-Tiergarten

Sprachkenntnisse

Englisch in Wort und Schrift (fließend)
Französisch (gute Kenntnisse)

EDV-Kenntnisse

Reservierungssystem „Fidelio-Micro", „HORES",
„RIO 80862"
Windows XP, Microsoft Office Professional 8

Bielefeld, 03.10.2005

Christian Claussen
Staatl. geprüfter Hotelbetriebswirt
Wilfriedstr. 45
33649 Bielefeld
Tel.: (0521) 357 29 48
e-mail: Ch.Claussen@gmx.de

Herrn
Direktor Berghausen
Hotel Deutsches Haus
Schwarzer Weg 23

24939 Flensburg

Bielefeld, 03.10.2005

Ihre Anzeige im Flensburger Tageblatt vom 27.09.2005 / Unser Telefonat

Sehr geehrter Herr Berghausen,

vielen Dank für das informative Telefongespräch am heutigen Nachmittag.
Wie besprochen hier meine vollständigen Bewerbungsunterlagen.

Ich bin Betriebswirt für das Hotel- und Gaststättenwesen
(Studium in Dortmund an der Wirtschaftsfachschule),
36 Jahre alt, ursprünglich gelernter Koch und
zurzeit in einem Hotel mit 280 Betten in Bielefeld
als Verkaufsleiter in ungekündigter Stellung tätig.

Aus persönlichen Gründen möchte ich mein Wirkungsfeld
nach Flensburg verlagern und bin sehr daran interessiert,
Ihr Haus und das in unserem heutigen Telefonat
besprochene Aufgabengebiet näher kennen zu lernen.

Auf eine persönliche Begegnung mit Ihnen freue ich mich

und grüße Sie herzlich aus Bielefeld

Christian Claussen

Anlage

Bewerbungsunterlagen

für Herrn Direktor Berghausen
Hotel Deutsches Haus, Flensburg

Christian Claussen
Staatl. geprüfter Hotelbetriebswirt
Wilfriedstr. 45
33649 Bielefeld
Tel.: (0521) 357 29 48
e-mail: Ch.Claussen@gmx.de

Lebenslauf

Zur Person: Christian Claussen

staatlich geprüfter Betriebswirt
für das Hotel- und Gaststättenwesen

geboren am 04.04.1969 in Stuttgart

verheiratet, zwei Kinder, 12 und 16 Jahre alt

Angestrebte Position: Direktor Verkauf und Marketing

Ausgangssituation: seit 01.2004 Verkaufsleiter in ungekündigter Position
Kongresshotel Beierhoff, Bielefeld, ein 280-Bettenhaus
Personalverantwortung: 10 Mitarbeiter
Etatverantwortung: 500 000 EUR

Beruflicher Werdegang

07/00 – 12/03   **Verkaufsleiter / stellv. Geschäftsführer**
ABC-Hotel GmbH, Berlin-Tiergarten

07/99 – 06/00   **Direktionsassistent**
Astro Hotel, Wiesbaden

04/96 – 08/97   **Stellvertretender Küchenchef (Sous-Chef)**
Hotel-Restaurant Poch, Bellingen

07/95 – 03/96   **Chef-Entremetier / Chef de Rotisseur**
Hotel-Restaurant Poch, Bellingen

01/93 – 08/94   **Kfm. Angestellter Verkauf (Gastronomie, Abt. Food)**
REWE-Süd-Großhandel, Spellbach

04/91 – 12/92   **Chef-Entremetier**
Hotel-Restaurant Rössle, Waldenburg bei Stuttgart

04/90 – 03/91   **Demi-Chef Entremetier**
Hotel Hirsch, Fellbach/Schwarzwald

01/89 – 03/90   **Koch**
Hotel-Restaurant Zur Linde, Heilbronn

07/85 – 07/88   **Ausbildung zum Koch**
Höhenhotel Berghaus, Wesslingen/Neckar

Seminare und Praktika

09/03	**– Controlling** **– Produkt-Marketing und -Werbung** **– strategische Unternehmensführung** Seminare bei der Unternehmensberatung Hell, Berlin
03/02	**Public Relations im Hotel- und Gaststättengewerbe** Karla Dicks, Chefredakteurin NGZ service manager
01/99	Prüfung zum **„Anerkannten Fachberater für Deutschen Wein"** Deutsches Weinbauinstitut, Mainz
01 – 06/99	**Reservierungs- und Verkaufsabteilung** Praktikum Hotel v. Korff, Berlin-Charlottenburg
07 – 10/98	**Reservierungs- und Empfangsabteilung** Praktikum im Hotel Astro, Wiesbaden

Schulische und berufliche Ausbildung

08/76 – 06/85	Grund- und Hauptschule in Willingen
07/85 – 07/88	Ausbildung zum Koch im Höhenhotel Berghaus, Wesslingen/Neckar
09/94 – 06/95	Weiterbildung: Berufsoberschule in Münster (Fachschulreife)

Fachschulstudium

09/97 – 06/99	Wirtschaftsfachschule für Hotellerie und Gastronomie in Dortmund
25.06.1999	Abschlussprüfung zum staatlich geprüften Betriebswirt für das Hotel- und Gaststättenwesen mit bestandener Ausbildereignungsprüfung Studienfächer: – Betriebswirtschaftslehre – Betriebliches Rechnungswesen – Touristik- und Hotel-Marketing – Angewandte Datenverarbeitung (EDV) – Technologie des Hotel- und Gaststättengewerbes – Praxisorientierte Fallstudien – Rechts- und Steuerlehre – Englisch / Französisch – Berufs- und Arbeitspädagogik (AEVO)

Sprachkenntnisse	Englisch in Wort und Schrift (fließend) Französisch (gute Kenntnisse)
EDV-Kenntnisse	Reservierungssystem „Fidelio-Micro", „HORES", „RIO 80862" Windows XP, Microsoft Office Professional
Engagement	Voll-Mitglied in der Hotel Sales and Marketing Association (HSMA), German-Chapter, Region 1
Sonstiges	Führerschein Kl. B
Hobbys	mein Beruf, hier insbesondere Marketing und Werbung Blues und Jazz (ich spiele Saxophon) Reisen / Fotografieren / mit Holz arbeiten

Was Sie sonst noch über mich wissen sollten

Meine Handlungsweise ist geprägt vom Umgang mit Menschen sowie dem Streben nach optimaler Dienstleistung und größtmöglicher Zufriedenheit der mir anvertrauten Gäste.

Mein Denken wird dabei selbstverständlich auch von betriebswirtschaftlichen Zahlen bestimmt.

Ökonomische Zusammenhänge schnell zu erfassen und analytisch auszuwerten, um auf dieser Basis nach neuen, effektiveren Lösungen zu suchen, ist Grundlage meiner unternehmerischen Aktivitäten.

Bielefeld, 03.10.2005

Christian Claussen

Anlagen / Inhaltliche Gliederung

Arbeitszeugnisse / Referenzen:

ABC-Hotel GmbH, Berlin-Tiergarten

Astro Hotel, Wiesbaden

Hotel-Restaurant Poch, Bellingen

REWE-Süd-Großhandel, Spellbach

Hotel-Restaurant Rössle, Waldenburg

Hotel Hirsch, Fellbach

Hotel-Restaurant Zur Linde, Heilbronn

Seminare / Praktika:

Grundkurs Excel

Grundkurs MS-Windows

Controlling

Produkt-Marketing & -Werbung

Strategische Unternehmensführung

Public Relations im Hotel- und Gaststättengewerbe

Anerkannter Berater für Deutschen Wein

Praktika-Zeugnis Hotel v. Korff

Praktika-Zeugnis Hotel Astro

Ausbildungszeugnisse:

Abschlusszeugnis zum staatlich geprüften Betriebswirt
für das Hotel- und Gaststättengewerbe,
Wirtschaftsfachschule für Hotellerie und Gastronomie,
Dortmund

Ausbildereignungsprüfung, IHK Dortmund

Berufsoberschule, Münster

Fachgehilfenbrief zum Koch,
Höhenhotel Berghaus, Wesslingen/Neckar

Zu den Unterlagen von Christian Claussen

1. Version

Ein schlicht gestaltetes **Anschreiben** – immerhin mit E-Mail-Adresse –, leider aber mit unklarer Betreffzeile, spricht niemanden an. Die Anrede sowie der erste Satz sind out (»da, da …«), der kleine Formfehler in der Datumszeile ist fast noch verzeihlich. Wie kann man nur so ungeschickt argumentieren? Sie werden es uns nicht glauben wollen, häufig erhalten wir solche Texte zur Begutachtung. Und auch wenn sich der Kandidat freuen würde, er würde nicht eingeladen werden bei dieser Argumentation im Anschreibetext.

Der auf zwei Seiten präsentierte **Lebenslauf** (Warum unterstrichen? So etwas machte man in den Zeiten der alten Schreibmaschine. Außerdem: ein viel zu kleines Foto!) entspricht der alten, aber immer noch gängigen Form und ist damit keinesfalls so schlecht wie das Anschreiben, unterschlägt jedoch so wichtige Punkte wie die aktuelle Beschäftigung (Kongresshalle in Bielefeld) und auch Rubriken wie Sonstiges, Interessen und Hobbys. Aber eindeutig langweilig, ohne offensichtlichen Glanz, ist er schon. Das merkt man allerdings nur, wenn man vergleicht und sieht: Es geht auch ganz anders in der Darstellung.

2. Version

Ein angenehm kurzes **Anschreiben** bringt die Botschaft schnell und souverän auf den Punkt. Hier wurde vorab telefoniert, die Unterlagen vorher angekündigt! Übrigens: Eine interessante Grußformel.

Die gewählte Form für das **Deckblatt** ist Ihnen als Leser jetzt bereits nicht mehr ganz so fremd. Ebenso das bemerkenswerte **Foto** (quadratisch). Es zeigt einen interessanten Kandidaten mit Fliege und ist fotografisch einfach nur gut gemacht (attraktiv auch ohne »Anschnitt«). Auf einem solchen Bewerberfoto bleibt das Betrachterauge länger ruhen, und das ist ja auch intendiert, denn: jetzt entsteht Sympathie, Interesse am Kandidaten, der Wunsch diesen näher kennen lernen zu wollen. Dieses Foto verfügt über Kraft, vermittelt Ausstrahlung.

Die mit der Überschrift **Lebenslauf** versehene nächste Seite hat einen klassischen Aufbau (zur Person, berufliche Ausbildung), der aber geschickt ergänzt wurde (angestrebte Position, Ausgangssituation) und damit ein solides Fundament für den Leser bildet. Dann folgt der berufliche Werdegang in aller gebotenen Ausführlichkeit von heute in die Vergangenheit, im Anschluss daran auf der nächsten Seite ergänzt durch Seminare und Praktika und den schulischen und beruflichen Ausbildungsgang.

Auf der nächsten Seite weitere Angebote. Einziger Kritikpunkt: Vielleicht etwas weniger Hobbys aufzählen (letzte Zeile!).

Nicht ganz neu für Sie als Leser ist jetzt das Einfügen einer weiteren Mitteilung. Diese ist wirklich ausdrucksstark formuliert, ebenfalls grafisch ansprechend gestaltet und vermittelt einen positiven Anreiz, den sich hier bewerbenden Kandidaten möglichst schnell einzuladen.

Erstmalig sehen Sie hier eine **Inhaltsübersicht** zu den weiteren Anlagen. Sie macht einen überzeugenden Eindruck.

Einschätzung

Die gesamte Bewerbungsmappe verdient sicherlich die Note »2+« (wenn nicht besser).

Barbara Böttcher   Hamburg, den 02.08.2005
Bessenkamp 23

22149 Hamburg

Pfeifer und Sömmering GmbH
Herr Egon Schneider
Diesterwegstr. 79

22305 Hamburg

Bewerbung

Sehr geehrter Herr Schneider!

Hiermit erhalten Sie, wie am Telefon besprochen, meine Bewerbungsunterlagen.

Ich habe langjährige Berufspraxis und gute Fähigkeiten im Umgang mit Kunden und
Mitarbeitern. Ich war lange Ausbilderin für Bürogehilfen und Industriekaufleute sowie
Dozentin beim Stenografenverein Hattingen.

Gern möchte ich meine kaufmännischen Erfahrungen aus meinem Berufsleben,
vor allem in Buchführung, BWL und Personalwesen sowie über die Import- und Export-
Bestimmungen in Ihr Unternehmen einbringen und zukünftig tatkräftig zum Erfolg
des Unternehmens beitragen.

Deshalb würde ich mich freuen, wenn Ihnen meine Bewerbung zusagt und Sie mir einen
persönlichen Vorstellungstermin einräumen würden.

Bis dahin verbleibe ich

mit freundlichem Gruß

Barbara Böttcher

Anlagen
Bewerbungsmappe

L E B E N S L A U F

Name:	Barbara Böttcher
Anschrift:	Bessenkamp 23 22149 Hamburg
Geboren:	16. März 1955
Familienstand:	verheiratet, 2 Kinder
Schulbildung:	5 Jahre Volksschule Hattingen 3 Jahre Realschule Hattingen
	Durch die vorgenannte Schulbildung einen dem Hauptschulabschluss gleichwertigen Bildungsabschluss gemäß Bescheinigung vom 13. Juli 1988
	1 Jahr private Handelsschule in Bochum 3 Jahre Verbandsberufsschule Ennepe-Ruhr-Nord, Hattingen
Berufsausbildung:	3 Jahre kaufm. Lehre bei der Firma Hans Schmidt KG, Hattingen Abschluss: Kaufmannsgehilfenprüfung 2. März 1973 vor der IHK zu Bochum
Berufsausübung:	April 1973 bis 30. Juni 1975 kaufm. Angestellte bei der Firma Schulze & Mayer, Papier- und Kunststoffverarbeitung, Düsseldorf
	Juli 1975 bis 31. August 1975 kaufm. Angestellte bei der Firma Baumann Bauunternehmung, Darmstadt
	September 1975 bis 28. Februar 1976 kaufm. Angestellte bei der Firma Brosche, Gold- und Silberwaren-großhandlung, Darmstadt
	März 1974 bis 31. Dezember 1978 kaufm. Angestellte bei der Firma Leopold Gotthardt KG, Hattingen

Anfang Januar 1979 zog ich dann nach
Münster und war dort bis zum 31. März 1980
Hausfrau.

April 1980 bis 30. Juni 1982
kaufm. Angestellte bei der Ventilatorenfabrik
Münster, luft- und wärmetechnische Anlagen

Juli 1982 bis 31. März 1986
Kontoristin bei der Härterei ULG GmbH & Co.
KG, Witten

April 1986 bis 31. März 1991
Schreibdienstleiterin bei der Ferdinand
Müller GmbH, Lebensmittelbetrieb
Hattingen

April 1991 bis 30. Juni 1993
Sekretärin/Assistentin der Geschäftsführung
der Oxigon Salur GmbH, Düsseldorf,
einer Niederlassung eines auf der ganzen
Welt vertretenen kanadisch-französischen
Unternehmens

Juli 1993 bis 31. Juli 1993
bei der Firma DIS – Deutscher Interim
Service, Dortmund, als Leiharbeiterin

Seit dem 01. August 1993 als Sekretärin
bei der Gustav Stark & Söhne – Deutsche
Wasserbau GmbH, Mühlhausen

Nach der Fusion mit der STG – Stein
und Tiefbau GmbH, Recklinghausen,
seit dem 31. März 1994 tätig als Einkaufssachbearbeiterin

Durch die Verlegung des Einkaufs zu
unserer Muttergesellschaft nach Dortmund
ab 01. Januar 1995 Assistentin/Sekretärin
des Verkaufsleiters sowie Sachbearbeiterin
für die verbliebene Materialwirtschaft

Seite 2 von 3

Ab 2002 durch Ausscheiden des Vorgesetzten selbstständige Sachbearbeiterin
für den Vertrieb

Von Anfang 2004 bis 31. Oktober 2004
zusätzlich Sachbearbeitung im Baueinkauf

Zusätzliche Kurse:

Stenografie- und Maschinenschreiben

Ausbilder-Eignungsprüfung

Fachlehrer-Studium „Maschinenschreiben"

div. Computer- und PC-Lehrgänge

Englischkurse

Seminare Export-/Import-Bestimmungen

Hamburg, 02.08.2005

Pfeifer und Sömmering GmbH
Herrn Egon Schneider
Diesterwegstr. 79

22305 Hamburg

Hamburg, 02.08.2005

Bewerbung als Marketing- und Vertriebsmitarbeiterin

Sehr geehrter Herr Schneider,

ich beziehe mich auf unser Telefonat vom 30. Juli und danke Ihnen für die informativen Ausführungen zu Ihrer Unternehmensphilosophie. Anbei überreiche ich Ihnen, wie besprochen, meine Bewerbungsunterlagen.

Meine Erfahrungen aus meiner Berufspraxis decken sich mit Ihren fachlichen Anforderungen. Ebenso können Sie von mir gute Fähigkeiten im Umgang mit Mitarbeitern sowie Kunden erwarten, welche ich nicht zuletzt durch meine pädagogische Tätigkeit in meiner langjährigen Ausbilderpraxis erworben habe.

Aufgrund meiner beruflichen Aktivitäten in unterschiedlichen Bereichen bin ich kommunikationsstark, verantwortungsbewusst und habe große Freude an abwechslungs-reichen Einsätzen. Umfangreiche Kenntnisse in Buchführung, Betriebswirtschaftslehre und Personalwesen gehören ebenso zu meinem Profil wie umfangreiches Wissen über die Import/Export-Bestimmungen.

Nach dem erfolgreichen Abschluss meiner Weiterbildung Ende Juni fühle ich mich umso mehr befähigt, meinen persönlichen Leistungsbeitrag zur europäischen Vertriebspolitik in Ihrem Unternehmen beizusteuern.

Ich freue mich, Ihnen in einem weiteren, persönlichen Gespräch einen noch umfassenderen Eindruck von mir zu vermitteln und verbleibe in Erwartung Ihres Terminvorschlages

mit freundlichen Grüßen

Barbara Böttcher

Anlagen

BEWERBUNGSUNTERLAGEN

Barbara Böttcher
Bessenkamp 23
22149 Hamburg

Telefon: 040 / 254 36 897

LEBENSLAUF

zu meiner Person
Barbara Böttcher
geboren am 6. Februar 1955 in St. Augustin
verheiratet/zwei erwachsene Kinder

angestrebte Position
Marketing- und Vertriebsmitarbeiterin

beruflicher Werdegang

11/2004 – heute
Auszeit für meine berufliche Fortbildung
im Marketing und Vertriebsbereich
– Direktmarketing/Kundenakquisition
– Produktmarketing/Vertrieb
– Europäische Vertriebsformen

08/1993 – 10/2004
Gustav Stark & Söhne
Deutsche Wasserbau GmbH, Mühlhausen

- Sekretärin
für 4 Abteilungsleiter der technischen
Geschäftsleitung

- Einkaufssachbearbeiterin
für Magazinmaterialien, Drucksachen,
Büromaterial

- Assistentin des Verkaufsleiters und
Sachbearbeiterin Materialwirtschaft
Schwerpunkt: Verkauf Wasserbau-Produkte

- Eigenverantwortliche Verkaufssachbearbeitung
inkl. Abwicklung der Import/Exportgeschäfte,
Organisation der Fertigung und Auslieferung
durch die 6 Mitarbeiter der Werkstatt,
Mitarbeiterkoordination und Arbeitszeit-/
Urlaubsplanung, Kundenbetreuung, Inventur-
und Bestandsüberwachung, Materialdisposition
für die Produktion

- Verkaufs-, Einkaufs- und Materialwirtschafts-
Sachbearbeitung, zusätzliche selbstständige
Beschaffung aller Materialien, die von diversen
Bereichen der Bauabteilung benötigt wurden.

Seite 2 von 5

04/1991 – 06/1993

Oxigon Salur GmbH, Düsseldorf
Niederlassung eines weltweit operierenden
kanadisch-französischen Pharma-
industrieanlagenbauers

- Assistentin des Geschäftsführers

04/1986 – 03/1991

Ferdinand Müller GmbH, Hattingen
Zentrale eines Lebensmittelfilialbetriebes

- Schreibdienstleiterin
  Personalverantwortung für 7 Mitarbeiterinnen,
  Ausbildung von Bürogehilfinnen,
  Unterricht in Maschinenschreiben und
  Stenografie

04/1973 – 03/1986

verschiedene Anstellungen in produzierenden,
mittelständischen Unternehmen als Kontoristin und
kaufmännische Angestellte

schulische und berufliche Ausbildung

1970 – 1973

kaufmännische Ausbildung
Industriekaufmann mit IHK Abschluss

1970 – 1973

Verbandsberufsschule Ennepe-Ruhr-Nord,
Hattingen

1961 – 1970

Volksschule/Realschule St. Augustin
Private Handelsschule Andresen Montabaur

Weiterbildung

seit 11/2004

Fortbildung zur Marketing/Vertriebsassistentin
Abschluss 07/2005
Schwerpunkte: Direktmarketing/Kundenakquisition
                  Produktmarketing/Vertrieb
                  Europäische Vertriebsformen

2001

Weiterbildung Windows/Word/Excel

1999 – 2000

Weiterbildung Export/Import-Bestimmungen

1989

Lehrgang „Programmierte Textverarbeitung"

1988 – 1989

Fachlehrer-Studium „Maschinenschreiben"

1974 – 1975

Abschlussprüfung Stenografie und
Maschinenschreiben

Seite 3 von 5

Sonstiges

Sprachen   Englisch in Wort und Schrift
                            Intensivkurs 09/2001 – 12/2002

EDV   Windows NT, XP und 98, Word und Excel

Ausbildung   Ausbilder-Eignungsprüfung
                            für die Ausbildung in den kaufmännischen
                            Berufen Bürogehilfin und Indunstriekaufmann/-frau

Unterricht   als Dozentin beim Stenografenverein e.V.
                            Hattingen bis 2003

Hobbys   Mitglied im Verein für angewandte deutsche
                            Sprache. Für den Verein verantworte ich die
                            Öffentlichkeitsarbeit und die Kassenprüfung.
                            Ich organisiere Lesungen und Gesprächsrunden.

                            Lesen und Reisen

Beruflich …   biete ich Ihnen meine Erfahrungen für

- Aufgaben im Vertrieb, des Marketing und der
  Koordination von innerbetrieblichen Abläufen
  sowie zur marktgerechten Unternehmens-
  darstellung
- Voll- oder Teilzeitbeschäftigung
- freie oder feste Mitarbeit

Ich bin eine flexible und zuverlässige Mitarbeiterin.
Durch meine lange Berufs- und Lebenserfahrung
sowie Ausbilderbefähigung bin ich im Umgang mit
Menschen diplomatisch und sicher. Ausdauernd
und stets hoch motiviert erschließe ich mir neue
Aufgabenstellungen, um sie im Sinne der vereinbar-
ten Unternehmensziele erfolgreich zu lösen.

Hamburg, 02.08.2005

Seite 4 von 5

ANLAGEN

Arbeitszeugnisse

Gustav Stark & Söhne – Deutsche Wasserbau GmbH, Mühlhausen
Oxigon Salur GmbH, Düsseldorf
Ferdinand Müller GmbH, Hattingen

Weiterbildungen

Berlitz School,
Inlingua Sprachschule,
Bildungsforum, Moers
Industie- und Handelskammer, Münster, Gelsenkirchen
Institut für Bürowirtschaft, Düsseldorf

Schulzeugnisse

Kaufmannsgehilfenbrief

Seite 5 von 5

Zu den Unterlagen von Barbara Böttcher

1. Version

Langweilige Briefkopfgestaltung, ein antiquierter Start (Ausrufezeichen nach persönlicher Anrede und »Hiermit …« am Anfang) sowie ein recht knapper Anschreibetext enden mit einem doppelten »würde« und lassen nichts Gutes erahnen. Immerhin: Hier wurde vorab telefonisch Kontakt aufgenommen. Auch die Grußformel (wieder sehr sparsam, nur ein Gruß), der maschinenschriftliche wiederholte (immerhin) Vor- und Zuname und der Hinweis auf die Bewerbungsmappen-Anlage verstärken die Unlust, sich mit dieser »Kandidatur« weiter, geschweige denn länger zu beschäftigen.

So negativ voreingenommen bieten der **Lebenslauf** – trotz des jetzt hübschen Briefkopf-Titels – wie auch Fußzeile, die jäh aufhört (3. Seite!), genug Anlässe, sich gegen die Kandidatin zu entscheiden. »Name«, »Anschrift«, »Geboren«, »Familienstand« – es fehlt nur noch die Nationalität, das ist an Einfallslosigkeit kaum zu überbieten. Aber es kommt doch noch schlimmer. Auf drei Seiten erfahren wir sehr akribisch die (fast) unwichtigsten und ältesten Details, Berufsstation für Berufsstation, und langweilen uns durch den Werdegang bis zur letzten Seite, wohl schon auf der ersten Seite ahnend, dass da nichts Vernünftiges bei rumkommen wird.

Haben Sie auch das **Foto** gesucht? Da sehen Sie einmal, wie wichtig ein Foto ist – Sie haben es sicher vermisst. Die Kandidatin hat es vergessen. Ein schlimmer Fehler.

Wie unrecht wir dieser Kandidatin tun, erleben wir beim Betrachten der 2. Version.

2. Version

Nicht nur die schön gestaltete Briefkopf- und Fußzeile hält hier durch bis zum Schluss aller schriftlichen Papiere, auch die Gesamtaufteilung, die Schriftstärke, alles macht einen gepflegten, Appetit anregenden positiven Eindruck. Wir wissen bereits: Hier wurde vorab telefoniert und wenn auch der einleitende erste Satz mit »ich …« anfängt (nicht jedermanns Geschmack), so sind doch die weiteren Sätze des **Anschreibens** sorgfältig und gut formuliert. Sie lösen Interesse aus, und genau darauf kommt es an.

Das **Deckblatt** mit interessantem **Foto** ist funktional und ansprechend gestaltet. Berufsbezeichnung und angestrebte Position könnten bereits schon hier aufgeführt werden. Wer mehr wissen will, freut sich schon auf die nächsten Seiten. Was für ein Unterschied zur 1. Version.

Ein interessanter Einstieg auf der 1. Seite und eine geschickte, gut übersichtliche Gliederung der aktuellen beruflichen Situation und des Werdeganges in amerikanischer Form (von heute aus in die Vergangenheit) vermitteln einen positiven, kompetenten Eindruck von der Bewerberin.

Die schulische und berufliche Ausbildung (hätte auch in der Überschrift andersherum getitelt sein können), die Weiterbildung und Sonstiges, alles macht einen interessanten, positiven Eindruck. Hier werden auch die Hobbys und Engagements benannt und verstärken das angenehme Gefühl, das aufgrund der letzten Angebots-Zeilen (»beruflich biete ich Ihnen …«) schnell zum Telefonhörer greifen lässt und … (Einladung oder telefonisches Vorab-Interview).

Ein **Anlagenverzeichnis** ist sehr lesefreundlich und weist die Bewerberin als gute kundenorientierte Organisatorin aus.

Einschätzung

Unglaublich, dieser Vorher-nachher-Effekt, eine sehr ansprechende Bewerbung, die Erfolg haben muss!

Thorsten Trautwein
Frankfurter Str. 12
64293 Darmstadt
Tel. 06151/328 64 31
E-Mail: Thorsten.Trautwein@addcom.de

Manpower Personaldienstleistungen
Personaldirektion
Böcklerstr. 56

64291 Darmstadt

Darmstadt, 31. Dezember 2005

Ihre Anzeige im Darmstädter Tageblatt vom 28.12.2005

Sehr geehrte Damen und Herren,

da mein bestehendes Arbeitsverhältnis befristet war und zum 30. November 2005 auslief, suche ich ein neues interessantes Arbeitsfeld und möchte mich daher bei Ihnen bewerben.

Ich war Wissenschaftlicher Mitarbeiter in einem Steuerberaterbüro, bin Kommunikationstechniker und Diplom-Betriebswirt und war zuletzt Gebietsleiter bei IBN. Ich habe Erfahrung in personal-dienstlichen Angelegenheiten und kann durch einen Aufenthalt in Canberra, Australien, Auslandserfahrung aufweisen.

Die von Ihnen ausgeschriebene Position wäre eine große Herausforderung für mich und fände ich sehr spannend. Ebenso gefällt mir die von Ihnen gewünschte Bereitschaft sehr, für berufliche Zwecke zu verreisen, da ich auch privat sehr dafür aufgeschlossen bin. Ich bringe die nötige Flexibilität hierfür mit, weil ich nicht verheiratet bin und keine Kinder habe. Die geforderte häufige Teilnahme an Trainingsmaßnahmen würde mir auch sehr gefallen, denn meiner Meinung nach sollte man sich sein Leben lang fortbilden.

Wir sollten also miteinander ins Gespräch kommen. Dann kann ich Ihnen gern weitere Informationen über meine Person geben. Ich stehe Ihnen für einen Vorstellungstermin jederzeit zur Verfügung. Melden Sie sich einfach. Ich würde mich sehr freuen.

Mit freundlichen Grüßen

Thorsten Trautwein

Lebenslauf

LEBENSLAUF

Thorsten Trautwein

Frankfurter Str. 12
64293 Darmstadt

Tel.: 06151/328 64 31
E-Mail: Thorsten.Trautwein@addcom.de
geboren am 13. August 1968 in Aachen
ledig, keine Kinder

SCHULAUSBILDUNG

Aug.	1986 bis	Oberstufenzentrum für Wirtschaft, Hamburg
Dez.	1987	Abschluss: Abitur
Aug.	1985 bis	Austauschschüler in den USA
Juli	1986	High School in Baltimore/USA
		Abschluss: High School Diploma
April	1975 bis	Carl-von-Ossietzky-Grundschule, Hamburg
Juni	1981	Heinrich-Heine-Gymnasium, Hamburg

STUDIUM UND BERUFSAUSBILDUNG

Sept.	1996 bis	Schule für Kommunikation und EDV, Nixdorf AG
Febr.	1998	Abschluss: Kommunikationstechniker
Jan.	1996 bis	Auslandsaufenthalt in Canberra, Australien
Aug.	1996	Sprachintensivkurs
Okt.	1989 bis	Fachhochschule für Wirtschaft, Hamburg
Sept.	1992	Abschluss: Diplom-Betriebswirt

BERUFSPRAXIS

Juni	2001 bis	IBN Komm Darmstadt AG
Dez.	2005	Gebietsleiter für die NBL
		Vertriebsbeauftragter
Febr.	1998 bis	IBN Komm Deutschland AG, Frankfurt am Main
Juni	2001	Bereich Feinmarketing
Jan.	1994 bis	Job-Zeitarbeit GmbH
Dez.	1995	Bereichsstellenleiter

WEITERE TÄTIGKEITEN

von	1988 bis	zur Finanzierung des Studiums Tätigkeiten im
Dez.	1993	Gastronomiebereich sowie als Wissenschaftlicher Mitarbeiter
		im Steuerberaterbüro von H. May, Hamburg

Darmstadt, 31. Dezember 2005

Thorsten Trautwein

Thorsten Trautwein, Diplom-Betriebswirt
Frankfurter Str. 12, 64293 Darmstadt, Tel. 06151/328 64 31, E-Mail:
Thorsten.Trautwein@addcom.de

Manpower Personaldienstleistungen
Personaldirektion
Herrn Dr. Gerlach-Schulze
Böcklerstr. 56

64291 Darmstadt

Darmstadt, 31. Dezember 2005

Meine Bewerbung als Ihr Niederlassungsleiter
Ihre Anzeige im Darmstädter Tageblatt vom 28.12.2005

Sehr geehrter Herr Dr. Gerlach-Schulze,

nach dem freundlich-informativen Telefonat mit Herrn Eberhardt erhalten Sie hier meine Bewerbungsunterlagen. Im Folgenden eine kurze Darstellung meiner Person:

- Diplom-Betriebswirt, Kommunikationstechniker, 37 Jahre alt
- 6 Jahre IBN-Berufserfahrung, Gebietsleiter (Teamleiter)
- hoch motiviert, leistungsstark und zielorientiert
- Erfahrung in Personaldienstleistungen

Meine Gehaltsvorstellung liegt im Bereich EUR 75.000,-- p.a. Ein optimaler Eintrittstermin wäre für mich der 1. April 2006.

Über eine Einladung zu einem persönlichen Gespräch freue ich mich.

Mit freundlichen Grüßen und allen guten Wünschen für das neue Jahr

Anlagen

BEWERBUNGSUNTERLAGEN

MANPOWER PERSONALDIENSTLEISTUNGEN

Thorsten Trautwein

Diplom-Betriebswirt
Frankfurter Str. 12

64293 Darmstadt

Thorsten Trautwein

Frankfurter Str. 12
64293 Darmstadt

Tel.: 06151/328 64 31

E-Mail: Thorsten.Trautwein@addcom.de

geboren am 13. August 1968 in Aachen

ledig, keine Kinder

Resümee
berufliche und persönliche Kenntnisse, Erfahrungen und Fähigkeiten

IBN

Vom Trainee bis zum Gebietsleiter (Umsatz EUR 8,5 Mio.) habe ich mir, aufbauend auf dem Betriebswirt-Studium, wichtige Kenntnisse und Fertigkeiten in der freien Wirtschaft angeeignet.

USA

Auslandserfahrung und der Abschluss eines „High School Diploma" haben meinen Horizont wesentlich erweitert.

ZIEL

Zu meinen wichtigen persönlichen Eigenschaften gehört das Vermögen, mir Ziele zu setzen und diese dann gemeinsam mit meinen Partnern zu erreichen.

LEBENSLAUF

BERUFSPRAXIS

Juni	2001	IBN Komm Darmstadt AG
Dez.	2005	Gebietsleiter für die NBL
		Vertriebsbeauftragter

- Gebietsleiter (Teamleiter für eine 4er-Gruppe)
  Umsatzverantwortung von EUR 8,5 Mio.
  Betreuung der autorisierten Händler

- Portefeuille-Analysen und Erarbeitung von Marketingstrategien
  Vertriebsbeauftragter Multimedia

- Projektleiter für Industriemessen

- Projektleitung für die Neuentwicklung von
  CD-ROMs auf dem Telefonmarketingsektor

Febr.	1998	IBN Komm Deutschland AG, Frankfurt am Main
Juni	2001	Bereich Feinmarketing

- Leitung eines Projektes für den Europäischen
  Markt im Bereich Bankautomation

- Planung der Logistik und Materialbestellung

Jan.	1994	Job-Zeitarbeit GmbH
Dez.	1995	Bereichsstellenleiter

STUDIUM UND BERUFSAUSBILDUNG

Sept.	1996	Schule für Kommunikation und EDV, Nixdorf AG
Febr.	1998	Abschluss: Kommunikationstechniker
Jan.	1996	Auslandsaufenthalt in Canberra, Australien
Aug.	1996	Sprachintensivkurs
Okt.	1989	Fachhochschule für Wirtschaft, Hamburg
Sept.	1992	Abschluss: Diplom-Betriebswirt

SCHULAUSBILDUNG

Aug.	1986	Oberstufenzentrum für Wirtschaft, Hamburg
Dez.	1987	Abschluss: Abitur
Aug.	1985	Austauschschüler in den USA
Juli	1986	High School in Baltimore/USA
		Abschluss: High School Diploma
April	1975	Carl-von-Ossietzky-Grundschule, Hamburg
Juni	1981	Heinrich-Heine-Gymnasium, Hamburg

WEITERE TÄTIGKEITEN

von	1988	zur Finanzierung des Studiums Tätigkeiten im
bis Dez.	1993	Gastronomiebereich sowie als Wissenschaftlicher Mitarbeiter
		im Steuerberaterbüro von H. May, Hamburg

ENGAGEMENT UND HOBBYS

Leitung einer Jungengruppe im Paritätischen Wohlfahrts-
verband Berlin (Ausbildung zum Jugendleiter)
Golf und Surfen
Mitglied im Golfclub Berghaus

Darmstadt, 31. Dezember 2005

Thorsten Trautwein

WIE ICH WURDE, WAS ICH BIN

Meine privaten und beruflichen Aufenthalte in angloamerikanischen Ländern, wie den USA und Australien, prägten nachhaltig meinen Wunsch, in einem amerikanisch geführten Unternehmen zu arbeiten.

In acht Jahren vielseitiger IBN-Erfahrung, zunächst als Trainee und später als Gebietsleiter im Vertrieb, konnte ich mir einen sehr guten Überblick über das Zusammenspiel der verschiedenen Bereiche in einem Unternehmen erarbeiten. Mit Kundenkontakten auf jeder Ebene, Verkauf und Logistik bin ich bestens vertraut. Umsatz- und Marketingziele sind für mich persönliche Herausforderungen, denen ich mich gern und mit hohem Engagement stelle.

Teamgeist, Durchsetzungsvermögen und Lernbereitschaft kennzeichnen mich ebenso wie meine Fähigkeit, guten Kontakt zu anderen Menschen aufzubauen, um gemeinsam mit ihnen etwas zu bewegen, Ziele zu erreichen.

Zu den Unterlagen von Thorsten Trautwein

1. Version

Neben der unpersönlichen Ansprache disqualifiziert sich das **Anschreiben** durch seinen dummen argumentativen Vortrag. Ungeschickter kann man es kaum texten. Der maschinenschriftlich wiederholte Name ist dagegen nur ein recht kleiner Fehler. Spannend zu sehen, wie man es besser texten kann. Wir treten den Beweis auch gleich an und schauen uns jetzt den **Lebenslauf** an.

Er langweilt den Leser auf der ersten Seite mit Informationen, die kaum zur Entscheidung beitragen werden, den Kandidaten einzuladen. Die Tabellenform wirkt nicht sehr ansprechend, auch wenn sie eine klar ordnende Funktion hat. Jede Eleganz, jede Inspiration wird durch diese »Gefängnisstäbe« zunichte gemacht. Dabei soll doch diese papierene Form der wichtigsten Informationen über den Bewerber die Fantasie des Lesers berühren und suggerieren, man habe es mit einem außergewöhnlichen Problemlöser zu tun. Das gelingt hier wohl kaum.

2. Version

Ein prägnantes, sehr übersichtliches **Anschreiben** (gute Briefkopfgestaltung) zur gefälligen Eröffnung. Hier wurde vorab telefoniert, wenn auch nicht direkt mit dem personalverantwortlichen Ansprechpartner. Dessen Name ist aber ermittelt und in der Anschrift sowie in der Anrede angegeben. Nach einem kurzen Bezug auf das Telefonat mit Herrn E. kommt der Kandidat schnell auf den Punkt. Er liefert eine gelungene Kurzpräsentation der vier wichtigsten Botschaften: beruflicher Ausbildungshintergrund und Alter, Berufserfahrung, persönliche Eigenschaften und spezielle berufliche Kenntnisse.

Die dann vorgetragenen Daten zur Gehaltsvorstellung und zum frühesten Eintrittstermin sind eine Sonderinformation, die der Kandidat anbietet, weil sie in der Anzeige ausdrücklich gewünscht wurden. Aufgrund des Datums sind die Neujahrswünsche angemessen.

Das **Deckblatt** ist schlicht, aber übersichtlich und bietet eventuell bereits Platz für das **Foto**. Die Linie in der Kopfleiste des Anschreibens wird hier noch nicht, aber auf den folgenden Seiten als grafisches Element wiederholt verwendet. Für Empfänger wie Absender sind die präsentierten Angaben gut gewählt (z. B. Verzicht auf die Anschrift des Empfängers, Weglassen der Telefonnummer des sich bewerbenden Absenders).

Die sich anschließende **erste Seite** mit persönlichen Daten, **Foto** und Resümee überrascht in ihrer klaren, informativen und präzisen Gestaltung. Die gewählte Überschrift (Resümee) mit Erklärungszeile sowie die drei folgenden Kurztitel der Infoblöcke verführen zum Lesen und sind inhaltlich auch wirklich spannend gestaltet. Grafisch exzellent aufgebaut, lässt sich mit kurzem Blick das Wesentliche schnell erfassen, wird man neugierig auf die folgenden Seiten. Schon jetzt sind die Weichen für den Kandidaten positiv gestellt.

Apropos Ästhetik: Wenig Text und viel an weißer Seite lassen die Beschäftigung mit den Unterlagen nie schwer oder mühevoll erscheinen. Die geschickt gewählte Schrifttype und Art (Großbuchstaben bei den Überschriften) tragen ganz wesentlich dazu bei.

Beim **Lebenslauf** wird mit der Berufspraxis und den aktuellen Daten begonnen. Auch hier finden sich wieder alle guten Eigenschaften, die wir auf den vorangegangenen Seiten positiv gewürdigt haben (interessante, präzise Informationen, sehr ästhetisch und damit leicht lesbar präsentiert, also keine Bleiwüste, keine Angst vor dem weißen Papier).

Die nächste Seite informiert über Studium, Berufs- und Schulausbildung und endet mit Informationen zu Engagement und Hobbys.

Für Sie als Leser vielleicht noch neu: Die von uns so genannte **Dritte Seite** (hier eine Botschaft auf einer Extraseite) hat eine recht provokant gewählte Überschrift, die aber durch den folgenden Inhalt gerechtfertigt erscheint. Gliederung und relativ kurze Absätze machen den Text nicht nur gut lesbar, sondern tragen mit dazu bei, die Botschaft glaubwürdig zu vermitteln. Die hier getroffenen Aussagen runden das gute Eindrucksbild des Bewerbers ab und führten übrigens trotz Arbeitslosigkeit zu einer ganzen Serie von Einladungen – mit der Konsequenz, dass sich unser Kandidat unter mehreren attraktiven Arbeitsplatzangeboten das interessanteste aussuchen konnte.

Zu guter Letzt: Das hier nicht vorgelegte **Anlagenverzeichnis** fehlt nur aus Platzgründen.

Einschätzung

Top, sehr sehr gut.

Die Bewerbungsmappe

Wir möchten mit Ihnen gemeinsam jetzt Schritt für Schritt Ihre Bewerbungsunterlagen planen und schließlich auch umsetzen. Vier Beispiele kennen Sie bereits. Wie könnte nun Ihr »Werbeprospekt« aussehen?

Nicht ohne Grund beginnen wir an dieser Stelle mit einem Hinweis auf das Bewerbungsanschreiben. Gut formuliert sollte es Aufmerksamkeit und Interesse wecken und so der ideale Auftakt sein. Am liebsten würden Sie damit jetzt zuerst anfangen wollen. Wir aber schlagen Ihnen vor, das Anschreiben zu aller Letzt anzugehen. Übrigens: Es wird auch meistens nicht zuerst gelesen.

Erstaunt? Bei den zahlreichen Bewerbungsunterlagen, die z. B. nach einer Stellenanzeige eintreffen, wendet sich der Personalverantwortliche lieber gleich dem so genannten Lebenslauf, also Ihrer eigentlichen Bewerbungsmappe zu. So kann er schnell feststellen, ob die Bewerberin oder der Bewerber überhaupt infrage kommt – oder ob die Unterlagen schnellstmöglich wieder zurückgeschickt werden. Kernstück Ihres Werbeprospekts in eigener Sache ist also der Lebenslauf. Er steht in der Rangliste von Wichtigkeit und Bedeutung an erster Stelle, dann folgen die Empfehlungs- bzw. Dankschreiben zufriedener Kunden (das heißt Ihre Arbeitszeugnisse) und – mit noch größerem Abstand deutlich nachgeordnet in seiner Bedeutung – Ihr Begleitschreiben. Wenn auch alle drei Dokumente in ihrer Gesamtbedeutung nicht zu unterschätzen sind, in der Einzelgewichtung gibt es schon deutliche Unterschiede.

Auf Ihre Einstellung kommt es an

Ohne intensive Vorbereitung keine überzeugenden und erfolgreichen Bewerbungsunterlagen.

Was ist jetzt das Wichtigste?

Generell sind zum Thema »Bewerbung« wohl zahlreiche Empfehlungen und viele konkrete Tipps vorstellbar. Nach unserer Einschätzung ist jedoch Ihre Einstellung am allerwichtigsten – und dies im doppelten Wortsinn. Die mentale Auseinandersetzung und Einstimmung auf Ihr Vorhaben, einen Arbeitsplatz zu erobern, sind zentral.

Dabei spielt die gründliche Vorbereitung die alles entscheidende Hauptrolle, was übrigens regelmäßig unterschätzt wird. Die richtige Vorbereitung aber ist genau der Grundstein für den Erfolg, so wie ein solides Fundament die sicherste Basis für einen stabilen Hausbau ist.

Häufig werden in Bewerbungsverfahren viele Fehler gemacht,

weil die Bewerber sich oft nicht intensiv genug vorbereiten, nicht wissen, was auf sie zukommt und worum es wirklich geht. Das hat etwas damit zu tun, dass das Thema Bewerbung in der Lage ist, frühe biografische Erfahrungen mit dem Thema Angenommenwerden oder Abgewiesenwerden zu aktualisieren. Ein unbewusster Aspekt, der insgeheim übrigens hinter jeder Prüfungsangst steckt.

Das sind die entscheidenden Weichensteller

Kompetenz, Leistungsmotivation und *Persönlichkeit* sind die Essentials in einer jeden Bewerbungssituation – und jetzt die Herausforderung beim Erstellen Ihrer schriftlichen Bewerbungsunterlagen.

Unsere über zwanzigjährige Forschungs-, Beratungs- und Publikationstätigkeit zur speziellen Thematik »Prüfungssituation Bewerbung« hat als Quintessenz diese drei entscheidenden Faktoren ergeben, auf die es aus der Sicht des Arbeitsplatzanbieters bei der Bewerberauswahl ganz besonders ankommt.

Wer als Bewerber also darauf setzt, die zentralen Informationen allein im Anschreiben zu präsentieren, läuft Gefahr, dass sie nicht ordentlich vermittelt werden. Im Lebenslauf müssen alle wichtigen Botschaften enthalten sein. Daher widmen wir uns auch zuerst den Präsentationsformen des beruflichen Werdegangs.

Skizzieren Sie doch zunächst einmal in einer Art Drehbuch, was Sie wie gestalten und auf welchen Seiten bringen wollen. Eine erste Übersicht der Möglichkeiten haben wir Ihnen bereits auf Seite 13 vorgestellt. Neben dem obligatorischen Anschreiben können Sie mit oder ohne Deckblatt anfangen, zusätzlich eine Einleitungsseite vorschalten, Ihre berufliche Entwicklung dokumentieren und am Ende mit einer Extraseite nochmals auf sich besonders aufmerksam machen. Haben Sie viele Anlagen, dann ist eine Seite als Anlagenverzeichnis zur besseren Orientierung zu empfehlen.

Wir gehen jetzt noch einmal detailliert auf die vielfältigen Gestaltungsmöglichkeiten ein. Was Sie auswählen, liegt ganz allein in Ihrer Verantwortung. Sie entscheiden, was und wie viel für Ihr Werbeprospekt das Richtige ist.

Die Elemente der Bewerbungsmappe

Das Deckblatt

Für welche Präsentationsform Sie sich auch immer entscheiden – es macht Sinn, den Leser Ihrer Unterlagen nicht direkt in den Lebenslauf bzw. den beruflichen Werdegang »fallen zu lassen«. Auch ein Buch beginnt nicht sofort mit dem Inhaltsverzeichnis oder gar mit dem Hauptkapitel. Das Deckblatt hat die Funktion eines Titelblatts, wie auch immer Sie es aufbauen und gestalten.

Die Inhaltsübersicht

Eine weitere Variante, um Aufmerksamkeit zu erzielen, ist die Inhaltsübersicht. Auch sie kennen wir aus jedem Buch. Sie hat die Funktion, den Leser zu informieren, was ihn inhaltlich auf den nächsten Seiten erwartet. Die Inhaltsübersicht ermöglicht somit eine schnelle Orientierung, wo was zu finden ist. Sie lohnt sich jedoch kaum für Bewerbungsmappen, die nur fünf bis acht Seiten (inklusive Anlagen) stark sind.

Die Personalverantwortlichen wollen vor allem Folgendes in Erfahrung bringen:

1. Verfügt der Bewerber über die erforderlichen generellen und fachlichen Qualifikationen?
2. Was bewegt den Bewerber, was sind seine Motive für Arbeitsplatz- und Aufgabenwahl? Ist er motiviert, Außerordentliches zur Verwirklichung von Unternehmens- bzw. Institutionszielen zu leisten?
3. Mobilisiert der Bewerber Sympathiegefühle, kann man sich mit ihm im Arbeitsalltag »wohl fühlen« und passt er zum Team, zum Unternehmen (bzw. zur Institution)? Neudeutsch formuliert: Stimmt die persönliche Chemie?

Warum neben Kompetenz vor allem Sympathie und Leistungsmotivation so wichtig sind.
Abgesehen vom fachlichen Können sind die absoluten »Weichensteller« Ihr Sympathie mobilisierender Auftritt und die Leistungsmotivation, die man Ihnen zutraut. Wenn Sie denken, dass das ja frühestens beim Vorstellungsgespräch zum Tragen kommt, irren Sie sich! (Stichwort: Foto!)

Während Sympathie (wie auch Antipathie) bei einer ersten Begegnung sofort spontan affektiv spürbar ist, werden die Schlüsselmerkmale Leistungsmotivation und Kompetenz attribuiert, also kognitiv zugeschrieben. Es sind Merkmale, die sich uns nicht unmittelbar affektiv mitteilen. Und dennoch: Es geht gerade bei Leistung und Können auch um

Zutrauen in Ihre Potenziale. Und das bedeutet Vertrauen, also doch wieder auch die Beteiligung von Gefühlen.

Leistungsmotivation und Kompetenz offenbaren sich nicht so schnell wie das zentrale, auf die Persönlichkeit bezogene und auch durch unbewusste Faktoren maßgeblich mitgesteuerte Sympathiegefühl.

Und wie sich das alles schon beim Erstellen Ihrer schriftlichen Bewerbungsunterlagen niederschlägt, erfahren Sie gleich.

Hauptziel Ihres Bewerbungsvorhabens muss es also sein, die drei Essentials der Bewerbungssituation, die Weichensteller für eine Einladung zum Vorstellungsgespräch – Persönlichkeit, Leistungsmotivation

Die Einleitungsseite

Statt gleich mit dem beruflichen Werdegang (Lebenslauf) zu beginnen, kann die Einleitungsseite – mit oder ohne Bewerberfoto und den persönlichen Daten – eine Art Vorschau bilden, die den Leser kurz mit den wissenswerten Essentials über den Bewerber, seinen Schwerpunkten und beruflichen Highlights, bekannt macht.

Ihre persönlichen Daten mit Ihrem Foto

Diese Seite hat die Funktion, den Bewerber persönlich vorzustellen. Neben Name, Beruf, Alter, Geburtsort, Familienstand, gegebenenfalls Kindern, bis hin zur persönlichen Unterschrift unter dem auf dieser Seite platzierten Foto geht es darum, die Bewerberpersönlichkeit optimal inhaltlich zu präsentieren und zu visualisieren. Häufig werden auch Elemente aus den vorangegangenen Bausteinen hier auf dieser Seite thematisch ausgeführt.

Der Lebenslauf (besser: beruflicher Werdegang)

Der Lebenslauf ist das Kernstück Ihrer Mappe. Mit diesen Seiten zeigen Sie Ihre berufliche Entwicklung, die bisher geleisteten Tätigkeiten, den Ausbildungsgang und ggf. Weiterbildungsmaßnahmen, Interessenschwerpunkte, Hobbys auf. Ob Sie dabei alles auf eine Seite schreiben oder zwei, drei sogar vier Seiten verwenden, bleibt Ihnen überlassen. Wie hier die Gestaltung, Abfolge, die Inhalte aussehen können, erläutern wir Ihnen ganz besonders ausführlich auf den Seiten 91 ff.

Die Dritte Seite

Die Dritte Seite ist ein ideales Transportmittel, um zusätzlich eine ganz besondere Botschaft zu platzieren. Übrigens: Die Dritte Seite ist noch relativ neu und wird von uns seit den frühen neunziger Jahren propagiert. Ausführliche Informationen zu dieser Seite bekommen Sie auf den Seiten 103 f.

Das Anlagenverzeichnis

Dieses Verzeichnis folgt dem Lebenslauf bzw. der Dritten Seite und stellt eine Auflistung der jetzt beigefügten Unterlagen bzw. Kopien dar. Der eilige Leser sieht auf einen Blick, welche Anlagen mitgeschickt wurden, und findet die ihn interessierende Kopie schneller, da nicht erst der ganze Stapel durchgesehen werden muss.

und Kompetenz – als Signale so prägnant »auszusenden«, dass sie beim potenziellen Arbeitgeber überzeugend ankommen. Das gilt für die Erstellung der schriftlichen Unterlagen ebenso wie für das persönliche Auftreten später im Vorstellungsgespräch.

Machen Sie sich vor der Bewerbung Gedanken, wie Sie sich präsentieren. Sammeln Sie Antworten, Keywords zu den Fragen:

- Was für ein Mensch sind Sie, und wie präsentieren Sie sich?
- Wie bringen Sie Ihre Leistungsmotivation deutlich zum Ausdruck?
- Wie vermitteln Sie überzeugend Ihre Kompetenz?

Entwickeln Sie eine Leitidee oder einen roten Faden.

Diese berühmten vier Fragen sind dabei hilfreich:

- Was für ein Mensch bin ich?
- Was kann ich?
- Was will ich?
- Was ist für mich möglich?

Zu Ihrer Standortbestimmung eignen sich auch die folgenden Fragen:

- Was liegt hinter Ihnen?
- Wie schätzen Sie sich und Ihre Fähigkeiten ein?
- Wie sieht Ihre aktuelle Situation aus, mit der Sie sich auseinandersetzen müssen? Geht es bei Ihnen um einen Neueinstieg, Wechsel oder Wiedereinstieg (s. S. 14 ff.)?

Und das ist die konzeptionelle Basis Ihrer schriftlichen Bewerbung:

Sie wollen Ihre Botschaft einer Person näher bringen. Sie möchten eine Entscheidung beeinflussen. Sie soll so fallen, wie Sie es sich wünschen.

Wie gehen Sie vor? Aus der Welt der Werbung kennen wir eine besondere Vorgehensweise, die Ihr Bewerbungsvorhaben positiv unterstützen kann.

Drei aufeinander abgestimmte Schritte sind zu beachten:

1. Was wollen Sie Ihrem Gegenüber, z. B. dem Arbeitsplatzanbieter oder Personalauswähler, mitteilen? Was ist Ihr Anliegen, Ihr Ziel? Dies ist der fast wichtigste und leider auch schwierigste Baustein, der wohl auch die längste Bearbeitungszeit in Anspruch nehmen wird.

Die Arbeits- und Ausbildungszeugnisse

Zum Abschluss folgen die wichtigsten Arbeitszeugnisse, Ausbildungsbescheinigungen und andere Erklärungen wie z.B. Referenzadressen, die Sie Ihrer Bewerbungsmappe beilegen wollen.

Nicht vergessen haben wir Ihr **Anschreiben**, das lose und nicht eingeheftet auf Ihre Bewerbungsmappe gelegt wird. Aber darüber später mehr auf Seite 106.

Ihre Aufgabe ist es also zunächst zu entscheiden, welche Seiten Sie in welcher Abfolge zusammenstellen. Dabei kann durchaus die Regel »Weniger ist mehr« gelten. Nicht alle vorgestellten Seiten müssen Sie in Ihr Werbeprospekt aufnehmen.

Die Dramaturgie

Jetzt sind Sie an der Reihe: Sie müssen sich entscheiden, wie Sie Ihren »Werbeprospekt« aufbauen, das »Drehbuch« Ihres Erfolgsfilmes konzipieren. Wollen Sie mit einem Deckblatt einsteigen – ggf. mit oder ohne Foto? Wie wollen Sie Ihre erste Seite gestalten? Wie viele Seiten brauchen Sie für die Darstellung Ihres beruflichen Werdeganges, Ihres Lebenslaufs? Entwickeln Sie eine Dritte Seite? Verwenden Sie ein Anlagenverzeichnis?

Am besten, Sie verdeutlichen sich Ihr Vorhaben durch eine kleine Zeichnung. Die Entwicklung der Dramaturgie Ihrer Bewerbung wird Ihnen leichter fallen. Unsere Beispiele zeigen, worum es geht.

2. Wie formulieren Sie aus den sorgfältigen Überlegungen zu Ihrem Kommunikationsziel verständliche, schnell begreifbare, überzeugende Botschaften? Hier kommt es besonders auf Ihre Fähigkeit an, etwas auf den Punkt zu bringen.
3. Wie untermauern Sie diese sorgfältig ausgewählten und präzise formulierten Botschaften, um deren Glaubwürdigkeit und Überzeugungskraft ebenso zu stärken wie deren Erinnerungsgehalt?

Wir stehen aber immer noch am Anfang der Trias *Kommunikationsziel definieren – Botschaften formulieren – Argumente zusammenstellen*, und das bedeutet, sich zunächst einmal mit der Frage auseinander zu setzen, was Sie Ihrem Gesprächspartner von sich vermitteln wollen.

Den meisten Bewerbern fällt jetzt spontan ein: »Ich will diesen oder jenen Job! Ich bin der Größte, Erfahrenste ...«

Dieses Kommunikationsziel haben aber auch alle anderen Mitbewerber. Allein die Tatsache, dass Sie einen neuen Job haben wollen, ist für die am Auswahlprozess Beteiligten kein zwingender Grund, sich für Ihre Person zu entscheiden. Leider!

Mit dieser Frage weiter beschäftigt, neigen viele Bewerber dazu, mehr oder weniger stark zu argumentieren, Sie seien nun mal der/die Beste für bestimmte Aufgaben. Schön und gut, aber was glauben Sie, wie argumentieren Ihre Mitbewerber? Man wird schnell erkennen, dass das Kommunikationsziel »Ich bin der/die Beste, ich will, geben Sie mir die Chance!« für sich allein noch ziemlich schwach ist.

Fazit und Frage:

Wie kann man es besser machen?
Zunächst geht es darum, ein besonderes Kommunikationsziel zu entwickeln.

Leichter gesagt als getan. Sie haben die schwierige Aufgabe, sich genau zu überlegen,
- was für ein Mensch Sie eigentlich sind,
- was für besondere Fähigkeiten Sie haben und
- was Sie damit eigentlich anfangen wollen.

Oder, in der Abfolge variiert und auf die drei Essentials reduziert, Sie ahnen es: *Kompetenz, Leistungsmotivation, Persönlichkeit.*

Version 1

Kommentar

Diese Variante kennen Sie. Das Anschreiben auf einer Seite, relativ außergewöhnlich ist das Extra-Deckblatt, auf ein oder zwei Seiten folgt der Lebenslauf. Danach kommen die Anlagen wie Zeugnisse oder Empfehlungsschreiben.

Auch eine andere Abfolge ist vorstellbar und Erfolg versprechend. Schauen Sie sich die folgende Variante an. Wenn Sie die Möglichkeiten vor Augen haben, werden Sie sich leichter darüber klar, was besser für Ihre Selbstdarstellung geeignet sein könnte.

Wenn Sie sich lange genug mit diesen Fragen und diesen Themen, kurz mit Ihrem individuellen Angebot auseinandergesetzt haben und zu wichtigen, substanziellen Ergebnissen gekommen sind, wird es Ihnen leichter fallen, ein Kommunikationsziel zu entwickeln. Salopp formuliert: Wie sage ich es meinem Kunden, dem potenziellen Arbeitsplatzanbieter?

Ein weiteres, nicht geringes Problem: Wird das, was ich vermitteln will, wirklich für eine positive Entscheidung im Rahmen des Prüfungs- und Auswahlprozesses ausschlaggebend sein?

Beginnen Sie zuerst mit der Definition Ihres Kommunikationsziels.
Ein Beispiel: Mein Kommunikationsziel ist es …
… den Lesern und Personalentscheidern zu vermitteln, dass ich ein Mensch bin, der über außergewöhnliche kommunikative Begabungen verfügt. Darunter ist zu verstehen: Ich bin sehr gut in der Kontaktaufnahme zu anderen, kann mich schnell und gewandt ausdrücken und ohne große Hemmungen eigentlich mit jedem Menschen leicht ins Gespräch kommen. Andere vertrauen mir auffällig schnell. Ich wirke auf viele Personen ermutigend und bin bestimmt ein sehr guter und aufmerksamer Zuhörer. Trotz meiner Freude an Unterhaltungen und auch an gezielten Gesprächen bin ich jemand, der sehr diskret sein kann und bei dem ein Geheimnis absolut sicher aufgehoben ist.

Formulieren Sie daraus leicht verständliche, klare Botschaften.
Jetzt zu Ihrer zweiten Aufgabe.
Sie entwickeln aus Ihren Zielvorstellungen klare und schnell zu verstehende Botschaften. In unserem Beispiel wären das Folgende:

Meine drei wichtigsten Botschaften lauten:

1. Ich bin ein kommunikativ begabter Mensch, der mit anderen mühelos jederzeit ins Gespräch kommen kann.
2. Ich gewinne schnell das Vertrauen anderer Menschen.
3. Ich bin ein guter und aufmerksamer Zuhörer.

Version 2

| Deckblatt | persönliche Daten foto Resümee | Lebenslauf |

| Lebenslauf |

Kommentar

Ersparen wir uns jetzt – natürlich nur für die Planung der Mappe mit den verschiedenen Informationsblöcken – das skizzierte Anschreiben. Wie sollen die wichtigen Bestandteile der Bewerbungsmappe, die einzelnen Seiten Ihres Werbeprospektes gefüllt sein? Es geht um die Grobplanung, und hier ist eine neue Variante. Zwischen Deckblatt und Lebenslauf kommt eine Seite mit den persönlichen Daten, Ihrem Foto und ggf. ein Resümee.

Wahrscheinlich fällt es Ihnen leichter, sich für oder gegen die eine oder andere Seitenvariante zu entscheiden, wenn Sie konkrete Gestaltungsmöglichkeiten sehen und vergleichen können. Betrachten Sie diese Vorschläge als Anregung. Sie müssen entscheiden, was Sie für sich in Anspruch nehmen wollen und was nicht.

Suchen Sie sich die besten, überzeugendsten Argumente aus.

Jetzt fehlt nur noch der dritte Schritt in dieser Vorbereitung. Entwickeln Sie wohl überlegte Argumente. Wieso? Nun, von sich zu behaupten, dass man so und so sei, ist schon nicht jedermanns Sache. Aber das allein reicht nicht aus, denn nur Behauptungen aufstellen ist zu wenig.

»Die Botschaft hör ich wohl, allein es fehlt mir doch der Glaube«, sagte schon Goethe. Nicht nur deshalb ist es jetzt beim dritten Schritt besonders wichtig, die Argumente zu finden, die Ihre Botschaften glaubwürdig untermauern helfen, gleichsam in der Lage sind, »Fleisch an den Knochen« zu bringen.

Mit welcher Anekdote, durch welche Detailbeschreibungen kann ich meinem lesenden Gegenüber verdeutlichen, dass meine in den Botschaften enthaltenen Aussagen wirklich glaubwurdig sind?

Welche Situationen, Begebenheiten in Ihrem (Berufs-)Leben verdeutlichen, was Ihre Botschaften als Kurzformeln transportieren sollen? Wenn Sie hier den richtigen Erzählstoff beisammen haben, stehen Ihre Argumente und unterstreichen so die Glaubwürdigkeit Ihrer überlegt ausgewählten Botschaften.

Kommunikationsziel, Botschaften und Argumentation ergeben in einem idealen Dreiklang die Entscheidungsgrundlage, auf der sich ein Arbeitsplatzanbieter für Sie als den richtigen Kandidaten entscheiden kann. Machen Sie es ihm nicht

schwer. Entscheidungen sind schließlich das Schwierigste, was es in unserem Leben zu treffen gilt. Sie selbst müssen in Ihrem eigenen Interesse Ihr berufliches Vorhaben positiv befördern.

Darum geht es jetzt: biografische Anpassungsleistungen.

Ihr so genannter Lebenslauf, besser: Ihr beruflicher Werdegang, ist zusammen mit dem Bewerbungsanschreiben das wichtigste Dokument, das für oder gegen Sie als Kandidat spricht. Sie haben es selbst in der Hand, ob Ihre Unterlagen mit Interesse gelesen werden oder auf dem Stapel »Kommt nicht in Frage« landen.

Also gilt: Die Präsentation Ihrer Unterlagen muss perfekt sein, die Formulierung sehr sorgfältig. Und das bedeutet: Rechnen Sie mit einem deutlichen Zeitaufwand.

Version 3

```
┌──────────────┐   ┌──────────────┐   ┌──────────────┐
│  Deckblatt   │   │    foto      │   │  Beruflicher │
│ persönliche  │   │   letzte     │   │  Werdegang   │
│    Daten     │   │  Position    │   │              │
│              │   │    davor     │   │              │
└──────────────┘   └──────────────┘   └──────────────┘

┌──────────────┐
│   Weiter-    │
│   bildung    │
│   Studium    │
│    Schule    │
│              │
└──────────────┘
```

Kommentar

Besonders die Einleitungsseiten (Deckblatt, Inhaltsübersicht, Einleitungsseite, erste Botschaften), aber auch der Lebenslauf sind – je nach persönlichem Geschmack – ausführlich oder eher knapp zu gestalten. Einige Seiten können auch ganz eingespart werden. In diesem Beispiel wird der Lebenslauf sinnvoll gesplittet: die letzte Position, der berufliche Werdegang und schließlich Weiterbildung, Studium und Schule. Das für den neuen Arbeitgeber Wichtigste kommt zuerst.

Je differenzierter Sie in die Planung auch des Inhaltes jeder einzelnen Seite gehen, desto leichter fällt Ihnen die Umsetzung. Ein vorher entwickeltes Konzept hilft letztlich, Zeit zu sparen. Und selbst wenn Sie bei Ihrer Umsetzung dann von Ihrem Plan abweichen: Planung macht Sinn, denn sie schafft Bewusstsein.

Ihre Unterlagen haben vielleicht nur eine Minute Zeit ...

... um zu wirken! Das müssen Sie unbedingt wissen: Der Personalentscheider nimmt sich bei der ersten Durchsicht nur sehr, sehr wenig Zeit für Ihre schriftlichen Unterlagen.

Manche Personalchefs behaupten, in weniger als einer Minute herausfinden zu können, ob der Kandidat oder die Kandidatin sie interessiert. Andere investieren zwei, drei, selten fünf Minuten. Ihre Unterlagen haben wirklich verdammt wenig Zeit, um zu überzeugen. Vor allem, wenn man berücksichtigt, dass heutzutage auf eine Stellenanzeige (z.B. in Berlin, im Bereich Sekretariat) zwischen 250 und 800 Bewerbungen kommen. Diese Zahl sieht für Juristen, Architekten oder Chemiker nicht sehr viel anders aus.

Ihr wichtigstes Ziel: die Einladung

zum Vorstellungsgespräch, weil man durch Ihre Unterlagen neugierig auf Sie geworden ist und sich viel von Ihnen verspricht. Damit dieses Interesse auf der Leser- und Auswählerseite entsteht, sollten Sie gewisse Spielregeln beachten und einige dramaturgische Tricks einsetzen.

Aber noch etwas ist wichtig: Ihre Unterlagen sollten ein interessantes Angebot enthalten. Diesem muss leicht und glaubwürdig zu entnehmen sein, dass Sie etwas Besonderes für das Unternehmen, Ihren Kunden, den Arbeitsplatzanbieter, machen können. Etwas, was dieser gerade dringend benötigt und bestens gebrauchen kann. Eigentlich logisch.

Die Verdeutlichung dieser elementaren Aspekte hilft Ihnen bei der Erstellung Ihres persönlichen Werbe- und Verkaufsprospektes.

An dieser Stelle einige spezielle Bewerbungstipps.

Spezialhinweise für Arbeitslose:

Bei der Formulierung Ihrer aktuellen beruflichen Situation gilt es geschickt vorzugehen. Das bedeutet für Sie ein Spektrum an Möglichkeiten. Die Bandbreite reicht von »nicht klar sagen, dass Sie arbeitslos sind« bis hin zu der nicht schönen Formulierung: »Arbeit suchend« (noch schlechter, weil sehr unglücklich formuliert: »seit dem xx.xx.xxxx arbeitslos«). So lange Sie noch keine zwei Monate ohne Job sind, ist der unterlassene Hinweis auf Ihre (frische) Arbeitslosigkeit vertretbar. Danach wird es zuneh-

Version 4

```
┌──────────────┐   ┌──────────────┐        ┌──────────────┐
│  Deckblatt   │   │  Resümee     │        │  beruflicher │
│  Foto        │   │  Fähigkeiten │        │  Werdegang   │
│  persönliche │   │  Ausgangs-   │        │              │
│  Daten       │   │  situation   │        │              │
│              │   │  Ziel        │        │              │
└──────────────┘   └──────────────┘        └──────────────┘

┌──────────────┐   ┌──────────────┐
│  beruflicher │   │  Ausbildung  │
│  Werdegang   │   │  Hobbys      │
│              │   │  Interessen  │
│              │   │              │
└──────────────┘   └──────────────┘
```

Kommentar

Bereits auf dem Deckblatt wirbt der Kandidat mit seinem Foto und den Sozialdaten. Dann zuerst ein Überblick über die Fähigkeiten und die Ausgangssituation sowie die beruflichen Ziele, um auf den beiden folgenden Seiten den beruflichen Werdegang zu präsentieren. Die Ausbildungsdaten sowie Interessen/Hobbys kommen zum Schluss.

Wie umfangreich Ihr Werbeprospekt in eigener Sache wird, bestimmen Sie. Ob relativ dünn mit nur zwei, drei Seiten plus Anlageseiten oder stattlich mit sechs bis sieben Seiten, vom Deckblatt über die ausführliche Selbstdarstellung bis hin zum Anlagenverzeichnis mit weiteren zehn Dokumenten. So ziemlich alles ist erlaubt, wenn es Sinn macht. Dies zu entscheiden, ist zunächst Ihre Aufgabe.

---

mend schwieriger, diesen Umstand einfach unter den Tisch fallen zu lassen.

Es ergibt sich die Frage: Was machen Sie gerade, was haben Sie bis vor kurzem (aber schon nach dem Ausscheiden aus dem Unternehmen) konkret gemacht? Wer hier Fortbildungsmaßnahmen angeben kann, steht schon mal besser da. Auch die intensive Pflege eines Angehörigen (Kind, alte Eltern etc.) oder Ähnliches sind relativ plausible Erklärungen für einen gewissen Zeitabschnitt (bis etwa zu einem Jahr).

Ganz blöd klingt es eben, wenn Sie in Ihren Unterlagen angeben, schon seit neun Monaten leider ohne Erfolg einen Arbeitsplatz zu suchen.

Spezialhinweise für ältere Bewerber:

Sehr vieles von dem eben gesagten kann auch auf Sie zutreffen. Eine wichtige Parallele ist dabei der Umgang mit Ihrer Altersangabe. Ganz verzweifelte Kandidaten schreiben im ersten, spätestens zweiten Satz des Anschreibens: »Falls mein Alter von 50 Jahren Sie abschrecken sollte, brauchen Sie gar nicht weiterzulesen ...« (so oder ähnlich wird leider nicht selten formuliert). Logisch, dass das keine glückliche Empfehlung ist und genau zu der befürchteten Reaktion führt.

Spezialhinweise für Azubis:

Sie müssen nur versuchen, sich von der Schlichtheit der vielen hundert Bewerbungsanschreiben und Lebensläufe für einen Ausbildungsplatz etwas positiv abzuheben. Das ist so schwer nicht, denn 95 Prozent Ihrer

Mitbewerber halten sich einfach an die vorgegebenen Formulierungen des Arbeitsamtes und seiner Broschüren.

Spezialhinweise für Hochschulabsolventen:

Auch Sie finden in den vorherigen Empfehlungen viele brauchbare Anregungen. Wenn Sie deutlich mehr Semester als die Regelstudienzeit auf dem Konto haben, gibt es auch dafür vielleicht Gründe (z. B. regelmäßige Arbeitspraxis ...).

Spezialhinweise für Führungskräfte:

Man sollte es Ihren schriftlichen Bewerbungsunterlagen anmerken, mit wem man es zu tun hat.

Version 5

Inhalt Übersicht	persönliche Daten foto Spezial- aufgaben	Werdegang
Werdegang	Ausbildung	Anlagen- verzeichnis

Kommentar

Das Inhaltsverzeichnis hat hier eine Art Deckblattfunktion, die folgende Seite trägt Foto und Sozialdaten sowie eine Auflistung beruflicher Spezialaufgaben bzw. Qualifikationen. Dann folgen Seiten des beruflichen Werdegangs. Die Ausbildungsdaten, Interessen und Hobbys kommen wieder zum Schluss. Nicht zu vergessen: eine Extraseite mit dem Anlagenverzeichnis.

Die Herausforderung besteht in der Entscheidung: Was biete ich an und worauf kann ich getrost verzichten? Auf dem schmalen Grad zwischen »nicht zu viel« und »keinesfalls zu wenig« müssen Sie zu wandeln lernen, ohne abzustürzen. Zugegeben: Das ist leichter gesagt als getan – und braucht etwas Zeit, die Sie sich unbedingt nehmen sollten.

Wie Sie sich aus der Masse der Bewerber positiv abheben:

Das können Sie auf unterschiedliche, vielfältige Weise. Vor allem: Indem Sie sich besonders gut vorbereiten. Ein Patentrezept gibt es freilich nicht. Das würde die Sache ja wohl gleich ad absurdum führen. Entscheidend jedenfalls ist, dass Sie sich gerade mit dieser wichtigen Frage intensiv auseinandersetzen und dazu z. B. Ihre schriftlichen Bewerbungsunterlagen kreativ und innovativ gestalten.

Übrigens: Auch die telefonische Kontaktaufnahme kann Ihnen bereits Vorteile bringen.

Entscheidend bleibt, dass eben genau dies eine ganz wichtige Aufgabe ist: Ihr Bewusstsein, sich positiv von der Menge der Bewerber abheben zu wollen.

Wenn Sie beispielsweise selbst die Initiative ergreifen, heben Sie sich auch schon deutlich von anderen ab.

Eine Initiativbewerbung kann Ihnen, wenn sie gut, das heißt wirklich überzeugend, formuliert und gestaltet ist, den gewünschten Erfolg, also mindestens eine Einladung zum Vorstellungsgespräch bringen. Und darauf kommt es zunächst einmal an.

Nach der intensiven Vorbereitung wissen Sie besser, wovon Sie sprechen (evtl. telefonieren) und schreiben. So können Sie das Ziel einer persönlichen Begegnung mit dem potenziellen Arbeitgeber viel überzeugender verfolgen.

Genereller Leitfaden für die Erstellung Ihrer Bewerbungsunterlagen:

Denken Sie daran: Es geht um den guten ersten Eindruck, den Sie hinterlassen wollen. In der Werbepsychologie gibt es eine Grundformel, die beschreibt, wie Wirkung erzielt werden kann, und die Sie sich für alle Ihre Bewerbungsschritte zu Eigen machen sollten: die AIDA-Formel.

Bei AIDA steht

A für attention (Aufmerksamkeit erzeugen)

I für interest (Interesse wecken)

D für desire (Wunsch auslösen, zum Vorstellungsgespräch einzuladen)

A für action (die Aktivität Einladung auslösen).

Es kommt darauf an, dass Sie Aufmerksamkeit und Interesse wecken, um den Schritt »Einladung zu einem

Version 6

Deckblatt persönliche Daten	Foto Lebenslauf	Lebenslauf Ausbildung
Sonstiges Interessen Hobbys	Dritte Seite	Anlagen- verzeichnis

Kommentar

Hier trägt das Deckblatt schon wichtige Sozialdaten des Bewerbers. Auf der nächsten Seite zuerst das Foto, dann folgen Lebenslaufdaten über zwei Seiten, inklusive der Ausbildung am Ende der dritten Seite. Auf der vierten Seite, eventuell luftig gesetzt, kommen sonstige Kenntnisse und Hobbys, ggf. kommt bereits hier die Unterschrift des Bewerbers. Die Dritte Seite – hier eigentlich die fünfte – enthält eine spezielle Botschaft für den Leser. Das Anlagenverzeichnis rundet die ganze Sache gut ab.

Anschließend geht es ins Detail. Wir zeigen Beispiele und stellen Vergleiche an.

Vorstellungsgespräch« auszulösen. Stellen Sie alle wichtigen Argumente, die Sie vorzubringen haben, in kurzer, komprimierter Form dar. Der Leser, Ihr zukünftiger Arbeitgeber, soll neugierig werden auf Ihre weiteren Unterlagen und natürlich auf ein persönliches Kennenlernen.

Das Schlagwort »time is money« bedeutet in diesem Zusammenhang, dass Arbeitgeber Ihnen nicht viel Zeit lassen, sich zu bewähren. Häufig treffen sie schon beim Lesen der ersten Lebenslaufseiten oder auch nur des Anschreibens die Entscheidung, ob Sie für den weiteren Auswahlprozess in Frage kommen oder ob gleich die nächste Bewerbung zur Hand genommen und Ihnen eine Absage erteilt wird. Ein US-Psychologe machte bloße zehn Sekunden als durchschnittliche

Zeit aus, die über ein Ja oder Nein entscheiden.

Sie sollten sich in der Gestaltung der schriftlichen Unterlagen deutlich positiv von anderen Bewerbern unterscheiden.
Besonders wichtig ist neben den inhaltlichen Aspekten auch die formalästhetische Gestaltung Ihres »Verkaufsprospekts«, genannt Bewerbungsmappe. Der Lebenslauf ist das wichtigste Element.

Ganz entscheidend ist Ihr Foto, aber dazu mehr an anderer Stelle. Und auch auf die äußere Form – den Umschlag, das Bindesystem, die Verpackung – legen viele Kandidaten zu wenig Wert. Mit einem Minimum an Aufwand kann man sich hier von anderen Bewerbern wohltuend abheben.

Nach diesen Auswahlkriterien
werden die zahlreich eingehenden Bewerbungsunterlagen aussortiert: Wo ist die Eier legende Wollmilchsau, der Erlöser, der Heilsbringer, das Genie? Im Ernst: Wer gibt berechtigte Hoffnung, die Anforderungskriterien einigermaßen zu erfüllen? Dabei geht es schon auch um den Kick: Wer schafft es, sich positiv aus der Masse abzuheben und beim Auswähler Interesse und Neugier zu wecken? Sicherlich: immer eine stark durch Gefühle beeinflusste Entscheidung und keinesfalls lediglich rational begründet.

Dass dabei Ihr Foto eine wichtige Rolle spielt, dürfte jetzt wohl klar sein. Mit Ihrer gut gestalteten »Dritten Seite« können Sie weitere Pluspunkte für sich sammeln.

Deckblatt

Das Deckblatt schaut den Betrachter, den Leser Ihres »Werbeprospektes« an und lädt ein umzublättern, sich einzulesen. Ob mit oder ohne Foto, minimalistisch oder schon sehr informativ, Sie entscheiden, womit Sie starten und wie das Cover aussehen soll. Und das sollte ja – ähnlich wie bei Zeitschriften, Büchern oder CD-Covern – neugierig auf den Inhalt machen. Vielleicht schimmert ein Foto durch und macht sofort Lust aufs Umblättern. Die denkbaren Varianten sind zahlreich, Ihr individueller Geschmack entscheidet.

Am häufigsten ist folgende Variante anzutreffen:

Bewerbungsunterlagen für die Firma XY
von XYZ, Diplom-Ingenieur

Hinzu kommt die Adresse inklusive der Telefonnummer. Nicht selten erscheint auf dem Titelblatt auch lediglich der Name des Bewerbers ohne weitere Angaben (oder alternativ der Adressat). Häufig wird auch dieser Platz bevorzugt für die Bewerberfotopräsentation ausgewählt. Selbst ein literarisches Zitat in Form eines Mottos, das Ihre Arbeitsweise, Ihre Lebensauffassung gut wiedergibt, ist denkbar. Hier einige Beispiele:

Bewerbungsunterlagen

für die Mayer AG, Potsdam

Peter Bandow
Diplom-Ingenieur Elektrotechnik
Düsseldorfer Str. 11
10719 Berlin
☎ 030 / 881 29 40

1. Beispiel

1. Beispiel
Eine schlichte, saubere Gestaltung, ohne grafische Raffinesse. Der Empfänger findet sich angesprochen, der Absender gibt neben seiner Adresse und Telefonnummer gleich seine Berufsbezeichnung an.

2. Beispiel
Diese Variante ist schon etwas verspielter und aufwendiger, aber immer noch mit dem gleichen Informationswert wie das erste Beispiel.

3. Beispiel
Das Deckblatt hat immer noch kein Foto, aber viel mehr Text und Aussagekraft – bedingt durch das ausgewählte Zitat, das aber keinesfalls zu allen Bewerbungen bzw. Kandidaten passt. Sie sollten also gut überlegen, ob und wenn ja, mit welchem Zitat Sie was vermitteln wollen.

4. Beispiel
Hier hat das Deckblatt schon das Foto, sogar mit Unterschrift und Datum.

5. Beispiel
Zusätzlich ist hier noch eine Art Inhaltsübersicht aufgenommen.

2. Beispiel

Heinz Dauerwald, Stillerzeile 55, 12587 Berlin, Telefon: 030 / 111 79 89

Bewerbungsunterlagen

für die

ASIAN TECHNIK GMBH

von

Heinz Dauerwald

Diplom-Ingenieur für Umwelttechnik (TU)

4. Beispiel

BEWERBUNGSUNTERLAGEN

Managementnachwuchs-Trainee

Maria Mayer, Dipl.-Ing. (FH)
(Förder- u. Lagertechnik)
Calvinstr. 20
28101 Bremen
Tel. (04 12) 12 21 12

Bremen, 20.06.2006

1 von 4

3. Beispiel

*Vertrauen ist für alle Unternehmungen
das größte Betriebskapital, ohne welches
kein nützliches Werk auskommen kann.
Es schafft auf allen Gebieten die Bedingungen
gedeihlichen Geschehens.*
(Albert Schweitzer)

Roland Rothe
Hahnenweg 2
14465 Potsdam
Telefon (0331) 54321

Bewerbung

im Bereich
interne Unternehmenskommunikation
der
Süddeutschen Beton Werke AG
Stuttgart

5. Beispiel

Alfred Berning   •   Musterstraße 94   •   31200 Oberwesel   •   Tel. 0 201 - 12 34 56

Bewerbung

als   Betriebsleiter

für   Kino-Center Hamburg GmbH
                            Herrn Mertens
                            Neue Straße 176

                            20148 Hamburg

es folgen   Überblick
                            Resümee
                            Werdegang
                            Anlagen

↳ Überblick

Inhaltsübersicht

Ob Sie damit gleich anfangen oder diese Infos zusätzlich auf Ihrem Deckblatt integrieren, es geht nur darum, kurz einen Überblick zu geben, was auf den Leser zukommt. Intention: wie auch beim Deckblatt neugierig machen. Bedenken Sie jedoch auch, dass es prima ohne so eine Inhaltsübersicht gehen kann, insbesondere wenn Sie nicht so viele verschiedene »Kapitel« (Informationsabschnitte über Ihren beruflichen Werdegang und zu Ihrer Person) anzubieten haben.

Kommentar zum 1., 2., und 3. Beispiel

Ob mit oder ohne Foto, unterschrieben oder nicht, sehr differenziert oder weniger ausführlich: Es bleibt eine Frage und damit Entscheidung Ihres Geschmacks, ob Sie sich für oder gegen diese Seite bei Ihrem Werbeprospekt entscheiden. Wichtigstes Kriterium dabei: Was wollen Sie für einen Eindruck erzeugen, und wird Ihnen dies damit auch gelingen?

---

2. Beispiel

DR. MARION MARON

Geboren am 21. Januar 1961 in Frankfur am Main
Deutsche und spanische Staatsangehörigkeit
Ledig und kinderlos
Ortsunabhängig

Lebenslauf / beruflicher Werdegang

Berufserfahrungen

Arbeitsweise

Verzeichnis der Zeugnisse

Deutsche Bundespost, Geschäftsstelle Berlin
Deutsche Bundespost, Geschäftsstelle Frankfurt am Main
Stadtwerke Bremen

Promotion

Zweite Juristische Staatsprüfung
    Handwerkskammer Berlin
    Jacques & Lewis,Lawyers, London EC4V 4JL
    Rechtsanwalt Ulf Liedtke, Hamburg
    Verwaltungsgericht Hamburg
    Landesarbeitsamt Hamburg
    Landgericht Hamburg
    Staatsanwaltschaft Hamburg
    Amtsgericht Altona

Erste Juristische Staatsprüung

Allgemeine Hochschulreife

---

1. Beispiel

Hans Meyer, Diplom-Hotelkaufmann, Franzstr. 104, 12345 Berlin, T: 030-435 65 23 / 0175-23 45 65

Inhaltsverzeichnis

Überblick

Resümee

Werdegang

Anlagen

zum Werdegang
Arbeitszwischenzeugnis Kurdirektor Bad Wesel
Weiter-Reisen GmbH, Hamburg
Meyer Hotel, Augsburg
Meyer Hotel, Frankfurt
Meyer Hotel, Davos
Meyer Hotel, Berlin

zu Auslandsaufenthalten
Hotel Lancaster, Paris
Diplom High School, USA

zur Qualifizierung
IHK Bremen, Ausbilderprüfung

zur Schulbildung
Zeugnis Allgemeine Hochschulreife

Referenzadressen
Dr. Horst Mayer, Bremen
Martin Schütt, Berlin

---

3. Beispiel

Sybille Sim   Hallerstr. 23   14567 Berlin   T: 030-42 34 76   Email: sim@gmx.de

**Bewerbungsunterlagen für die
Relocation AG Berlin
Herrn Hans Christian Anders**

Inhaltsübersicht

Persönliche Daten

Berufliche Schwerpunkte

Beruflicher Werdegang

Ausbildung

Sonstiges

Zu meiner Motivation

Anlagenverzeichnis

Anlagen

Einleitungsseite

Mit dieser Seite können Sie Deckblatt und Inhaltsverzeichnis zusammenfassen, bereits ein Foto bringen oder nicht, Ihre persönlichen Daten, besondere Arbeitsschwerpunkte oder sonstige Botschaften und Werbung in eigener Sache vermitteln. Unsere Beispiele zeigen, was alles möglich ist, was aber nicht bedeutet, dass Sie sich für dieses Vorgehen entscheiden müssen.

1. Beispiel

Ein außergewöhnlicher, sehr informativer Einstieg mit einer klaren Aussage als Überschrift. Wenn hier ein Gehaltswunsch angegeben wird, so kann das eine Forderung in der Anzeige gewesen sein. Freiwillig sollten Sie mit diesen Angaben sehr vorsichtig zurückhaltend umgehen (besser ist es, eine Spanne anzugeben).

2. Beispiel

Kurze, prägnante berufliche Information in Kombination mit Bewerberfoto. Auch vorstellbar: Der Bewerber unterschreibt an dieser Stelle und wirbt mit der Persönlichkeitsnote Handschrift.

3. Beispiel

Neben den persönlichen Daten ist ein berufliches Resümee als eine geschickte Werbebotschaft verpackt. Das macht Lust auf mehr und kreiert ein ganz besonderes Bild vom Kandidaten.

4. Beispiel

Hier ist eine Mischung aus persönlichen Daten und Verkaufsargumenten kurz und knapp in Szene gesetzt.

1. Beispiel

2. Beispiel

3. Beispiel

Stefan Pröll, Diplom-Betriebswirt, Mommsenstr. 73, 10629 Berlin

Stefan Pröll

Mommsenstr. 73
10629 Berlin

Tel.: 0 30 / 8 81 49 03
E-Mail: sproell@aol.de
geboren am 13. August 1966 in Berlin
ledig, keine Kinder

Resümee
berufliche und persönliche Kenntnisse, Erfahrungen und Fähigkeiten

IBN

Vom Trainee bis zum Gebietsleiter (Umsatz EUR 8 Mio.) habe ich mir, aufbauend auf dem Studium der Betriebswirtschaft, wichtige Kenntnisse und Fertigkeiten in der freien Wirtschaft angeeignet.

USA

Auslandserfahrung, mit Abschluss eines „High School Diploma", hat meinen Horizont wesentlich erweitert.

ZIEL

Zu meinen wichtigen persönlichen Eigenschaften gehört das Vermögen, mir Ziele zu setzen, und diese dann gemeinsam mit meinen Partnern zu erreichen.

4. Beispiel

Zu meiner Person

Persönliche Daten

Dr. Emil Schwarzenberg
geboren am 03.08.1956
in Wismar
unverheiratet

Kenntnisse, Erfahrungen und Fähigkeiten

- Konstruktion, Verarbeitung und Anwendung von Kunststoffen und Thermomaterial
- Grundlegendes Wissen der Volks- und Betriebswirtschaft
- Verhandlungs- und Gesprächsführung
- Berichterstattung gegenüber Industriepartnern
- Konzeptionelle und organisatorische Arbeit im Vertrieb
- Akquisition und Kundenbetreuung
- Qualitätssicherung
- Mitarbeiterführung
- Arbeiten in einem internationalen Konzern
- Selbstständiges und eigenverantwortliches Arbeiten
- Teamarbeit

Wichtige erste Botschaften

Diese Seite, dieser Platz kann Sie – falls noch nicht geschehen – persönlich vorstellen (Name, Beruf, Alter, Geburtsort, Familienstand, gegebenenfalls Kinder etc. bis hin zu der persönlichen Unterschrift unter dem dann auf dieser Seite platzierten Foto), aber hauptsächlich geht es darum, Ihre Arbeitspersönlichkeit textlich optimal zu präsentieren. Hier dürfte jetzt Ihre persönliche Botschaft zum Tragen kommen.

Häufig werden auch Elemente aus den vorangegangenen oder zukünftigen Bausteinen einer gut konzipierten Mappe mit auf dieser Seite thematisch ausgeführt.

1. Beispiel
Diese Variante weist viel Ähnlichkeit mit dem 4. Beispiel auf dieser Seite auf, ist aber ausführlicher getextet.

2. Beispiel
Hier handelt es sich schon um eine wirklich starke Werbetextbotschaft. So etwas kostet viel Zeit, wenn es gut sein soll. Falls Sie diese nicht haben, verzichten Sie besser darauf.

3. Beispiel
An den Anfang gesetzt, eventuell nach einem Deckblatt, kann man so die Aufmerksamkeit des Lesers lenken.

4. Beispiel
Dieses Beispiel verknüpft hier das Angebot mit den ersten Werdegangdaten. Sie sehen die komplette Bewerbungsmappe dieser Art auf S. 73.

1. Beispiel

Heinz Dauerwald
Diplom-Ingenieur für Umwelttechnik
Stillerzeile 55
12587 Berlin (Köpenick)

Telefon: 030 / 111 79 89

geboren am 11.03.1960 in Templin
(Uckermark-Kreis)
verheiratet; 3 Kinder

Meine Kenntnisse, Fähigkeiten und Erfahrungen

zurzeit im Bereich Zentrale Dienste
für Elektronik, Mechanik, Sensorik und EDV-rechnergesteuerte Verarbeitungsmaschinen

Anwendungsbereite Kenntnisse
in Prozesssteuerung und Automatisierung

Erfahrung beim Aufbau
neuer Organisationsstrukturen und der Realisierung von Projekten

Mehrjährige Erfahrung an Geräten und Anlagen der Prozessanalytik
unter großchemischen Bedingungen

Führungserfahrung,
unter anderem Verantwortung für eine Gruppe von 6 Technikern

Zielorientierte professionelle Arbeitsweise,
insbesondere auch unter erschwerten Arbeitsbedingungen

2. Beispiel

Alfred Berning   •   Musterstraße 94   •   31200 Oberwesel   •   Tel. 0 201 - 12 34 56

Resümee

Ich bin	ein optimistischer Mensch mit ausgeprägtem Selbstvertrauen und einem hohen Maß an Eigeninitiative. Es ist meine Überzeugung, dass alles wirklich Gewollte im Leben machbar ist. Entscheidungen und Risiken gehe ich nicht aus dem Weg. Auf Ehrlichkeit und Echtheit in Ausdruck und Verhalten lege ich großen Wert. Und noch etwas: Ich habe Humor.
Ich kann	mir Ziele selbst definieren und erreichen, viel leisten, Stress positiv erleben, gut planen und organisieren und mich voll und ganz engagieren.
Ich habe	Berufs- und Lebenserfahrung, ein gut entwickeltes Talent für Kommunikation und den Umgang mit Menschen. Dies macht mich erfolgreich. Dabei habe ich mir die Fähigkeit zu Teamarbeit bewahrt. Neben fachlicher Kompetenz waren für meinen beruflichen Aufstieg vor allem Begeisterungsfähigkeit, Lernbereitschaft und Flexibilität entscheidend.
Ich will	eine Leitungsaufgabe, die meine Kenntnisse fordert, die Handlungsspielraum und Entwicklungschancen bietet, eine Position, in der ich meine Führungsqualitäten einsetzen und weiter ausbauen kann; ein Unternehmen, mit dem ich mich identifiziere.

↳ Werdegang

3. Beispiel

Bewerbung als Marketingassistentin von Christine Lingner

Zuallererst
etwas über meine Fachkenntnisse und praktischen Erfahrungen

Marketing/Öffentlichkeitsarbeit

Planung verkaufsfördernder Maßnahmen

Konzeption und Gestaltung von Broschüren und Präsentationen für Messestände, Kundenveranstaltungen etc.

Vorbereitung und Strukturierung von Unterlagen für Vorträge und Kundenbesuche

Organisation von Veranstaltungen

Marktdatenerhebungen und -auswertungen

Wirtschaft und EDV

Betriebswirtschaftliches Studium

Umfangreiche Kenntnisse in der PC-Anwendersoftware unter Windows NT/98, Apple Macintosh, Mac-OS 9.0

Konzeption und Durchführung von Anwenderschulungen für neue Mitarbeiter

Verwaltung der online verfügbaren Dokumentationen

Mitarbeit an der Entwicklung eines Programms für statistische Auswertungen

Projektarbeit

Planung und Organisation eines interinstitutionellen Medienprojekts

Projektüberwachungsaufgaben (Terminüberwachung, Kostenkontrolle)

Koordinierungsaufgaben

4. Beispiel

Mannheim, 25. Juli 2003

Lena Lüdecke, 43 Jahre alt

Ich biete Ihnen ...

Problemlösungen in den Bereichen
EDV, Marketing und Organisation.
Mein Arbeitsstil ist geprägt durch
• schnelles Auffassungsvermögen;
• einen geübten Blick für das Wesentliche;
• ein hohes Maß an Selbständigkeit, Disziplin und Eigenverantwortung;
• die Fähigkeit, schnell innovative Lösungen zu finden.

Beruflicher Hintergrund

seit Feb. 1999	Telefonseelsorge Mannheim e.V. Spendenmarketing, Öffentlichkeitsarbeit und Organisation bei der Vorbereitung der Jubiläumsfeierlichkeiten; Aufrüstung der EDV-Anlage, Systemoptimierung und Schulung der Mitarbeiter
1998 – 1999	Fortbildung bei der Deutschen Kaufmännischen Akademie Schwerpunkte Marketing und EDV
1994 – 1996	Berufsbegleitende EDV-Weiterbildung an der FU Berlin
1992 – 1996	Sachbearbeiterin mit EDV-Systembetreuung beim Sanitätshaus Schlau. Einführung und Optimierung der EDV
1990	Umsiedlung nach Berlin Mitarbeit in der Abteilung Reha beim Sanitätshaus Schlau
1992	Mitarbeit bei der Verlagsdruckerei Projekt 88 in Zürich Organisation, EDV, Grafik, Satz und Fotografie Leiterin der Bildredaktion bei der Zeitung „Nachricht" in Zürich
1989 – 1991	Geburt unserer Tochter Jenny und Unterbrechung der Berufstätigkeit für zwei Jahre
1985 – 1989	Sachbearbeiterin bei einer Aral-Raststätte in Zürich

Lena Lüdecke, Bewerbungsunterlagen

Lebenslauf

Beim so genannten Lebenslauf handelt es sich eher um Ihren beruflichen Werdegang. Er ist das Kernstück Ihrer Bewerbungsmappe. Auf diesen Seiten zeigen Sie Ihre Berufsstationen, die bisher geleisteten Tätigkeiten und Verantwortungsbereiche, Ihre berufliche Entwicklung, den Ausbildungsgang und ggf. Weiterbildungsmaßnahmen, Interessenschwerpunkte und Hobbys. Ob Sie dabei alles auf eine Seite schreiben oder zwei, drei, sogar vier Seiten verwenden, bleibt Ihnen überlassen. Wie hier die Gestaltung und Abfolge der Inhalte aussehen können, erläutern wir Ihnen ausführlich auf den Seiten 91 ff.

Hier nur kurz zwei Beispiele:

1. Beispiel

Eine sehr ästhetische Gestaltungsvariante, die alle wichtigen Daten dem Leser gut vor Augen führt und dabei der Bewerberin zu einem exzellenten Standing verhilft.

1. Beispiel

Fiona Siegel
Freibadweg 109
16341 Röntgenthal
Telefon: 07980/33667

Berufstätigkeit

seit 01.10.1995 — Technische Angestellte/Gewährleistungssachbearbeiterin bei der Auto Allround Ersatzteil GmbH, Ludwigsfelde

- Abwicklung von Gewährleistungs- und Kulanzanträgen
- Systemunterstützte Antragsbearbeitung am Terminal
- Prüfung von Schadensteilen/Qualitätsanalyse
- Koordinierung von Rückrufaktionen verschiedener Hersteller
- Regressierung abgelehnter Gewährleistungsteile
- Kunden- und Lieferanten-Management

01.10.1993 – 30.09.1994 — Familienpause

01.01.1990 – 30.09.1993 — Kaufmännische Mitarbeiterin beim ADAC Berlin-Brandenburg

- Mitgliederbetreuung
- Koordination Zusammenarbeit mit DEKRA und TÜV
- Messestandbetreuung
- Unterstützung der Organisation von Messeauftritten, Ralleys und dem ADAC-Jahresball in Berlin

01.09.1986 – 31.12.1989 — Industriekauffrau für Maschinenbau Müller-Metallhandel GmbH, Berlin

- Bestellung von Maschinenbauteilen aus Stahl und Kunststoff
- Fakturierung und Auslieferung an Kunden
- Bestandspflege und Kunden-Neuakquisition

Fiona Siegel
Freibadweg 109
16341 Röntgenthal
Telefon: 07980/33667

Bildung und Schule

1998 — Fortbildung Vertrieb und Marketing Marketingakademie Teltow

1996 — Fortbildung im Qualitätsmanagement DEKRA Berlin

1986 — Umzug nach Berlin

1983 – 1986 — Ausbildung mit Abitur zur Industriekauffrau in Zwickau

1973 – 1983 — POS Zwickau – Abschluss Mittlere Reife

Kenntnisse / Erfahrungen / Interessen

anwenderbereite Kenntnisse gängiger Software unter Windows 98/NT

sehr gute Kenntnisse des Ersatzteilangebotes für PKW und Nutzfahrzeuge, besonders der Marken VW, BMW und Fiat

sehr gute Englischkenntnisse in Wort und Schrift

Akquisitionserfahrungen

Mitglied im Oldtimer-Club Ludwigsfelde, Veranstaltungsorganisation

Führerschein PKW und LKW

Personenbeförderungsschein

begeisterte Oldtimer-Ralley-Fahrerin

Röntgenthal, 31.05.2003

Fiona Siegel

2. Beispiel

Kaum zu übertreffen, alle Berufsstationen plus Spezialkenntnisse und Ausbildung werden prägnant und überzeugend präsentiert.

2. Beispiel

Heinz Dauerwald, Stillerzeile 55, 12587 Berlin, Telefon: 030 / 111 79 89

Lebenslauf

Berufspraxis

01/1991 – bis jetzt
- **Spezialist** für Elektronik, Mechanik, EDV und rechnergesteuerte Verarbeitungsmaschinen (Projektmanagement); Instandhaltung in mittleren Unternehmen der Filmtechnik
- Inbetriebnahme, Wartung und Reparatur vollautomatischer Anlagen der Produktlinien
- Mikrorechnereinsatz in Büro und Produktion/Systemadministration
- Erstellung diverser EDV-Programme für Büroorganisation
- Führungserfahrung (6 Techniker)

10/1987 – 12/1990
- **Mitarbeiter** für Prozesssteuerung in der Chemie/EDV, Chemische Werke Leuna, Gruppe Verfahrenstechnik
- Projekt der rechnergeführten Polymerisation zur Qualitätsstabilisierung von Lacken
- Maßstabsübertragung vom Labor über Technikum in Produktionskessel
- Erarbeitung von Wirtschaftlichkeitsanalysen
- Konstruktion eines Reinigungsroboters
- Projektadaptierung und Optimierung verfahrenstechnischer EDV-Programme mit neuen IBM-kompatiblen Rechnern

09/1985 – 09/1987
- **Mitarbeiter** für Prozessautomatisierung und Verfahrenstechnik, Chemische Werke Leuna, Abteilung Prozesssteuerung und Automatisierung
- Konzeption und Realisierung multivalent nutzbarer Technikums-Anlagen für organische Spezialprodukte
- Deutliche Ausbeuteerhöhung von Hochpolymeren durch automatische Reaktorsteuerung
- Verbesserung technisch-organisatorischer Abläufe durch Planung, Beschaffung und Einsatzzuordnung von Arbeits- und Betriebsmitteln
- Zusätzliche Profilierung im pädagogischen Bereich: Lehrtätigkeit „Mathematik für Meister-Klassen"

09/1982 – 08/1985
- **Fachingenieur** für automatische Analysengeräte, Chemische Werke Leuna
- Erfolgreiches Projektmanagement bei automatischen Analysenmessanlagen für einen neuen Betriebsteil nach kürzester Einarbeitung
- Termingerechte Ablauforganisation und Mängelbeseitigung
- Anleitung und Aufsicht des Wartungspersonals
- Führungserfahrung (5 Facharbeiter)

Heinz Dauerwald, Stillerzeile 55, 12587 Berlin, Telefon: 030 / 111 79 89

Spezialkenntnisse

12/1981 – 12/1994
- Verschiedene **Lehrgänge** für die Bereiche:
  Chemische Reaktionskinetik,
  Prozessanalyse/Automatisierungstechnik,
  Verfahrenstechnische Grundlagen
- Praktische und Projekt-Erfahrung mit der SPS-SIMATIK S 5
- Praktische und theoretische Erfahrungen in der Prozessanalytik, Automatisierungstechnik
  Gute **Kenntnisse** im Computer-Operating;
  Systemadministrator für UNIX, Linux, VMS,
  PDP-11/RSX (MOOS 1600),
  IBM-360/370, VAX/VMS
- Anwendungsbereite **Erfahrungen** der Sprachen:
  C++, FORTRAN, PL/1, TSO, T-PASCAL, BASIC

Studium und Schule

09/1978 – 07/1982
- TH Halle, Fachrichtung Elektrotechnik,
  Diplom-Ingenieur für Messtechnik

09/1966 – 06/1978
- Besuch der Oberschule, **Abitur**
- **Sprachen:** Englisch, Russisch

Interessen und Hobbys
- Reisen in Portugal und Spanien, Radfahren, Schwimmen

Berlin, 19.03.2003

Heinz Dauerwald

Dritte Seite

Mit einer besonderen Botschaft kann man an dieser Stelle wieder Werbung in eigener Sache machen. Voraussetzung: Sie haben wirklich etwas Essenzielles mitzuteilen. Gut getextet und vor allem kurz und prägnant sollte es auch hier zur Sache gehen. Gar nicht so einfach, aber dafür ungemein wirkungsvoll, wenn es gut gemacht wird. Dazu zeigen wir Ihnen zwei Beispiele. Ausführlich gehen wir auf dieses Thema ab Seite 103 ein.

1. Beispiel

Ein netter Aufmacher, und trotzdem: Alles bleibt Ihrem persönlichen Geschmack überlassen. Wir wissen, wie erfolgreich dieser Text in der Realität gewirkt hat.

2. Beispiel

Noch pointierter geht es kaum. Ebenso, ja fast noch erfolgreicher war dieser Kandidat, der sich so präsentierte. Übrigens muss dieser Text nicht immer unterschrieben werden. Entscheiden Sie, was Ihnen besser gefällt.

1. Beispiel

Heinz Dauerwald, Stillerzeile 55, 12587 Berlin, Telefon: 030 / 111 79 89

Warum ich mich bewerbe?

Die Fähigkeit zum konzeptionellen Arbeiten und mein Organisationstalent habe ich besonders beim Aufbau einer neuen Abteilung Prozesssteuerung mehrfach unter Beweis gestellt. Ich bin es gewohnt, selbstständig und im Team zu arbeiten und weiß, dass meine bisher gezeigte Einsatzbereitschaft und kreative Flexibilität beim Lösen unterschiedlichster Problemfälle erfolgreich war.

Engagement und Belastbarkeit gehören zu meinen Persönlichkeitsmerkmalen. In einem für die Kreativität förderlichen Unternehmensklima konnte ich mit innovativen, kostenbewussten und termingerechten Lösungen überzeugen. Teamkollegen schätzen meine Hilfsbereitschaft und die Fähigkeit, neue Sachverhalte schnell zu erfassen und umzusetzen.

Als praxiserprobter Ingenieur vom Fach beherrsche ich alle „Register", von der Improvisation bis zur Perfektion in der Verantwortung für die Sicherheit von Technik und Umwelt.

... um etwas zu bewegen!

Berlin, 19. März 2003

Heinz Dauerwald

2. Beispiel

Stefan Pröll, Diplom-Betriebswirt, Mommsenstr. 73, 10629 Berlin

Wie ich wurde, was ich bin

Meine privaten und beruflichen Aufenthalte in angelsächsischen Ländern, wie den USA und Australien, prägten nachhaltig meinen Wunsch, in einem amerikanisch geführten Unternehmen zu arbeiten.

In acht Jahren vielseitiger IBN-Erfahrung, zunächst als Trainee und später als Gebietsleiter im Vertrieb, konnte ich mir einen sehr guten Überblick über das Zusammenspiel der verschiedenen Bereiche in einem Unternehmen erarbeiten. Mit Kundenkontakten auf jeder Ebene, Verkauf und Logistik bin ich bestens vertraut. Umsatz- und Marketingziele sind für mich persönliche Herausforderungen, denen ich mich gern und mit hohem Engagement stelle.

Teamgeist, Durchsetzungsvermögen und Lernbereitschaft kennzeichnen mich ebenso wie meine Fähigkeiten, guten Kontakt zu Mitmenschen aufzubauen, um gemeinsam mit ihnen etwas zu bewegen, zu erreichen.

Anlagenverzeichnis

Ein Verzeichnis der Anlagen ist eine lese- und servicefreundliche Geste, die hinter den Lebenslauf bzw. die Dritte Seite, also genau vor die Anlagen gehört. Sie listet die beigefügten Kopien (Arbeits- und Ausbildungszeugnisse) auf und ermöglicht so den schnellen Überblick. Der eilige Leser sieht sofort, was ihn davon besonders interessiert, ohne erst Seite für Seite den ganzen Stapel durchsehen zu müssen.

Kommentar zum 1. und 2. Beispiel

Es gibt viele Möglichkeiten, das Anlagenverzeichnis übersichtlich zu gestalten. Entscheidend bleibt, dass Sie eins anbieten. Das ist sehr lesefreundlich und zeigt Ihr gutes Organisationstalent.

Arbeits- und Ausbildungszeugnisse

Nun folgen zum Abschluss die wichtigsten Arbeitszeugnisse, Ausbildungsbescheinigungen und andere Erklärungen wie z. B. Referenzadressen, die Sie Ihrer Bewerbungsmappe beilegen wollen und auf die wir hier nicht näher eingehen. Anhand der Anlagenverzeichnisse sehen Sie, wie man seine Zeugnisse präsentieren kann. Dabei gilt in der Regel: Das Aktuellste zuerst, und dann chronologisch rückwärts vorgehen. Auch wichtig: Wer zu viel Papier und dazu noch unwichtige Dokumente beifügt (z. B. Freischwimmerzeugnis etc.) disqualifiziert sich selbst, lässt er doch den Blick für das Wesentliche schmerzlich vermissen.

Und weiter geht's: Nun folgen zwei ausführliche Bewerbungsmappenbeispiele wieder in der Vorher-nachher-Version.

1. Beispiel

Anlagen / Inhaltliche Gliederung:

Arbeitszeugnisse / Referenzen:

– Hotel „Weingut König", Trier
– „ABC"-Hotel GmbH, Berlin
– Hotel „Astro", Wiesbaden
– Hotel-Restaurant „Poch", Bellingen
– REWE-Süd-Großhandel, Spellbach
– Hotel-Restaurant „Rössle", Waldenburg
– Hotel „Hirsch", Fellbach
– Dienstzeugnis Bundeswehr
– Höhenhotel „Berghaus", Wesslingen/Neckar

Seminare / Praktika:

– Grundkurs Excel 5.0
– Grundkurs MS-Windows 3.1
– Produkt-Marketing und -Werbung
– Controlling
– Strategische Unternehmensführung
– Anerkannter Fachberater für Deutschen Wein
– Praktikumszeugnis Hotel „Astro"
– Praktikumszeugnis Hotel „v. Korff"

Schulzeugnisse:

– Hotelwirtschaftsschule, Berlin
– Ausbildereignungsprüfung, IHK Berlin
– Berufsoberschule, Bellingen
– Fachgehilfenbrief zum Koch

2. Beispiel

Anlagen

Zeugnis der Volkswagen AG, Wolfsburg

Zeugnis der BASF Lacke + Farben AG, Heidelberg

Zeugnis zur Studie „Zukunftsorientierung im Verlagswesen im Oberrhein-Verlag GmbH, Wesel"

Zeugnisse des Instituts für Datenverarbeitung und Betriebswirtschaft, Hannover

Zeugnis der Carl-Duisberg-Gesellschaft, Köln

Certificate der London Chamber of Commerce and Industry

Kopie des Magister-Artium-Examens

Lena Lüdecke
Föhrenweg 38
68305 Mannheim
Tel.: [0621] 257 95 14

Rohloff Marketing GmbH
Herrn Dr. Wolfgang Tiedig
Cäsariusstr. 89

53173 Bonn

25. Juli 2006

Bewerbung um eine Stelle in Ihrem Hause

Sehr geehrter Herr Dr. Tiedig,

wie ich bereits Herrn Kupfer am Telefon mitgeteilt habe, möchte ich mich um eine Stelle in Ihrem Unternehmen bewerben. Wie besprochen übersende ich Ihnen nun meine Bewerbungsunterlagen, damit Sie sich ein Bild von mir machen können.

Ich bin eine EDV-Fachfrau mit weiteren Kenntnissen im Bereich Marketing und Organisation. Meine Hobbys sind Fotografie und Computergrafik, die mir für meine beruflichen Tätigkeiten sehr nützlich sind. Des Weiteren zeichne ich mich durch große Selbstständigkeit und hohe soziale Kompetenz aus. Den genauen Ausbildungs- und Berufsgang können Sie dem beigefügten Lebenslauf entnehmen.

Aus persönlichen Gründen möchte ich gern von Mannheim nach Bonn übersiedeln und sehe in einer Position in Ihrem Unternehmen eine gute Möglichkeit, meine fachlichen Fähigkeiten mit Engagement und Motivation in Ihrem Hause unter Beweis zu stellen.

Ich bin flexibel einsetzbar und würde mich sehr freuen, wenn Sie mich zu einem Vorstellungsgespräch einladen würden.

Mit freundlichem Gruß

Lena Lüdecke

Lebenslauf

Lena Lüdecke
Föhrenweg 38
68305 Mannheim
Tel.: [0621] 257 95 14
E-Mail: lena.luedecke@gmx.de
http://www.luedecke.de

geboren am 04. August 1962 in Zürich
schweizerische Staatsangehörigkeit
verheiratet

Schulbildung

1968 – 1978	Grund- und Hauptschule
1978 – 1981	Berufsbildende Fachoberschule, Ausbildung zur technischen Zeichnerin
1981 – 1983	Technische Fachhochschule Zürich Zugangsprüfung zur technischen Fachhochschule Abschluss (Abitur) als Industriekauffrau

Weiterbildung

1994 – 1996	Freie Universität Berlin Berufsbegleitende Weiterbildung „EDV-Anwendung in der kaufmännischen Sachbearbeitung" mit IHK-Abschluss
1998 – 1999	Deutsche Kaufmännische Akademie Berlin Fortbildung „Kaufmännische Fachkraft"

berufliche Tätigkeiten

1985 – 1989	Aral-Raststätte in Zürich Sachbearbeiterin
1992	Verlagsdruckerei Projekt 88 in Zürich Mitarbeit in Organisation, EDV, Grafik, Satz u. Fotografie Leiterin der Bildredaktion
1992 – 1996	Sanitätshaus Schlau in Berlin Sachbearbeiterin mit EDV-Systembetreuung Einführung und Optimierung der EDV

Einführung und Optimierung der EDV

seit 11/99   Telefonseelsorge Mannheim e.V.
                    Systemoptimierung/Aufrüstung der EDV-Anlage
                    Schulung der Mitarbeiter
                    Öffentlichkeitsarbeit/Spendenmarketing
                    Organisation und Vorbereitung der Jubiläumsfeierlichkeiten

Besondere Kenntnisse

EDV   Betriebssystem Windows XP
                    alle gängigen Anwendungsprogramme: Winword, Excel, Access
                    Programmierumgebung Borland Turbo Pascal
Fotografie
und Sprachen   Englisch, Italienisch, Französisch, Spanisch

Mannheim, 27. Juli 2006

Lena Lüdecke

lena lüdecke

föhrenweg 38   68305 mannheim   0621 / 257 95 14

---

l. lüdecke, föhrenweg 38, 68305 mannheim

Herrn
Dr. Wolfgang Tiedig
Rohloff Marketing GmbH
Cäsariusstr. 89

53173 Bonn

Mannheim, 25. Juli 2006

Bewerbungsunterlagen

Sehr geehrter Herr Dr. Tiedig,

auf Empfehlung von Herrn Oppermann wende ich mich direkt an Sie und überreiche Ihnen meine Bewerbungsunterlagen.

Aus persönlichen Gründen strebe ich eine Tätigkeit im Raum Bonn an.

Meine Arbeits- und Fähigkeitsschwerpunkte liegen auf den Gebieten EDV, Marketing und Organisation sowie Öffentlichkeitsarbeit.

Über die Gelegenheit zu einem persönlichen Gespräch würde ich mich sehr freuen.

Mit freundlichen Grüßen

Anlagen

Bewerbungsunterlagen

für Herrn Dr. Wolfgang Tiedig
Rohloff Marketing GmbH

von Lena Lüdecke, EDV-Fachfrau
Föhrenweg 38, 68305 Mannheim
Tel.: 0621 – 257 95 14
E-Mail: l.luedecke@gmx.de
www.luedecke.de

geboren am 04. August 1962
in Zürich

schweizerische Staatsangehörigkeit

ledig, ortsunabhängig

Lena Lüdecke, 43 Jahre alt

Ich biete Ihnen …

Problemlösungen in den Bereichen
EDV, Marketing und Organisation.
Mein Arbeitsstil ist geprägt durch

- schnelles Auffassungsvermögen
- einen geübten Blick für das Wesentliche
- ein hohes Maß an Selbstständigkeit, Disziplin
  und Eigenverantwortung
- die Fähigkeit, schnell innovative Lösungen zu finden.

Beruflicher Hintergrund

seit 11/1999	Telefonseelsorge Mannheim e.V. Spendenmarketing, Öffentlichkeitsarbeit und Organisation bei der Vorbereitung der Jubiläumsfeierlichkeiten; Aufrüstung der EDV-Anlage, Systemoptimierung und Schulung der Mitarbeiter
1998 – 1999	Fortbildung bei der Deutschen Kaufmännischen Akademie Schwerpunkte Marketing und EDV
1994 – 1996	Berufsbegleitende EDV-Weiterbildung an der FU Berlin
1994 – 1996	Sachbearbeiterin mit EDV-Systembetreuung beim Sanitätshaus Schlau. Einführung und Optimierung der EDV
1992	Umsiedlung nach Berlin Mitarbeit in der Abteilung Reha beim Sanitätshaus Schlau
1992	Mitarbeit bei der Verlagsdruckerei Projekt 88 in Zürich Organisation, EDV, Grafik, Satz und Fotografie
	Leiterin der Bildredaktion bei der Zeitung „Nachricht" in Zürich
1989 – 1991	Geburt unserer Tochter Jenny und Unterbrechung der Berufstätigkeit für zwei Jahre
1985 – 1989	Sachbearbeiterin bei einer Aral-Raststätte in Zürich

Schulbildung

1981 – 1983	Zugangsprüfung zur technischen Fachhochschule Abschluss (Abitur) als Industriekauffrau
1978 – 1981	Berufsbildende Fachoberschule Ausbildung zur technischen Zeichnerin
1968 – 1978	Grund- und Hauptschule in Zürich

Weiterbildung

1999	Deutsche Kaufmännische Akademie Berlin: „Kaufmännische Fachkraft mit Schwerpunkt Marketing, EDV, allgemeine Betriebswirtschaftslehre mit Finanzbuchhaltung" Abschlussnote 1,4
1996	Weiterbildung an der Freien Universität Berlin „EDV-Anwendung in der kaufmännischen Sachbearbeitung" Abschlussprüfung bei der IHK Berlin: Abschlussnote 1,25

Besondere Kenntnisse

EDV

vertiefte Kenntnis der Betriebssysteme Windows NT und XP

LAN- und DFÜ-Netzwerk unter Windows 98, NT und XP
umfassende Kenntnis des Betriebssystems MS-DOS
sehr gute Kenntnis der Umgebung Windows 3.11
alle gängigen Anwendungsprogramme: Winword, Excel, Access
vertiefte Erfahrungen im Einsatz von Corel Draw
bei der Herstellung von grafischen Erzeugnissen
Adobe Photoshop, QuarkXPress
Programmierumgebung Borland Turbo Pascal

Fotografie

berufliche Erfahrungen bei der Zeitung und im Verlagswesen,
Reportage und Illustration

mehrere Ausstellungen von digital verfremdeten Bildern

Sprachen

Englisch, Italienisch, Französisch, Spanisch

Hobbys

Computergrafik, Verfremdung von Bildern, Fraktalgrafik,
Multimedia, Fotografieren und Bergwanderungen in den Alpen

Beruflich ...

bin ich flexibel und offen für

- *projektbezogene oder globale Aufgaben*
- *Voll- oder Teilzeit-Beschäftigung*
- *freie oder feste Mitarbeit.*

Mannheim, 25. Juli 2006

Verzeichnis der Zeugnisse

Zwischenzeugnis der Telefonseelsorge Mannheim e.V.

Zeugnis der Deutschen Kaufmännischen Akademie

Prüfungszeugnis der IHK zu Berlin

Arbeitszeugnis der Firma Schlau

Abiturzeugnis

Zu den Unterlagen von Lena Lüdecke

1. Version

Ein absolut langweiliges Layout, ein eigentlich überhaupt nicht gestalteter Brief transportiert das namentlich adressierte (wenigstens dieser Fehler wurde vermieden) **Anschreiben**. Dafür fehlt der Ort beim Datum. Erst beim Lesen des 2. Absatzes wissen wir: Hier handelt es sich um eine EDV-Fachfrau. Da wäre doch wohl eine E-Mail-Adresse, besser noch der direkte Hinweis auf ihren beruflichen Hintergrund das Mindeste, was man erwarten dürfte. Satzanfangswiederholungen, aber auch ungeschickte Formulierungen, eine eher unglückliche Motivationsangabe, der verwendete Konjunktiv im letzten Absatz, nur einen singulären Gruß sowie ein fehlender Hinweis auf die Anlage lassen auch für das weitere Studium der Unterlagen nichts Gutes erwarten.

Der sich auf zwei Seiten erstreckende **Lebenslauf** präsentiert die persönlichen Daten auf recht angenehme Weise (nicht »Name:«, »Str.«, »Ort:« etc.) sowie die bereits vermisste E-Mail-Adresse. Er fängt klassisch chronologisch mit der Schulbildung an, reißt aber die beruflichen Tätigkeiten auseinander und setzt sogar eine letzte Zeile an den Anfang der neuen Seite. Sehr ungeschickt dieser Seitenumbruch und genau in diesem Abschnitt auch noch eine nicht erklärte Lücke (1990–1991). Wir erfahren nur Spärliches über die EDV-Kenntnisse, auch nichts über Hobbys oder andere Interessen der Kandidatin, die aber bereits im Anschreiben (leider der falsche Ort) erwähnt wurden. Lediglich das Stichwort Fotografie und die beeindruckenden Sprachkenntnisse tauchen am Ende auf, leider mit einem Datum, das nicht mit dem Anschreibedatum korrespondiert.

2. Version

Jetzt wird klar: Eine Art Initiativbewerbung, die sich im Anschreiben auf eine persönliche Empfehlung bezieht, die Bewerbungsmotive benennt und kurz und knapp auf den Punkt bringt, was die Kandidatin anzubieten hat. Sie zeigt uns, wie ein gelungener prägnanter Auftakt aussehen kann. Die außergewöhnliche Briefkopfgestaltung (Kleinschreibung) fällt durchaus positiv auf, ist aber sicherlich Geschmackssache. Insgesamt eine gute Demonstration, dass sich das **Anschreiben** auf wenige Zeilen beschränken kann, wenn man weiß, was man vermitteln will und die folgenden Unterlagen entsprechend aufbereitet sind.

Das **Deckblatt** übernimmt bereits Informationsfunktionen, die traditionell der Lebenslauf hatte. Auch auf dieser Seite wäre ein Foto denkbar.

Die nun folgenden zwei Seiten (ohne Lebenslauf-Titelung, was völlig o.k. ist) sind in der Dramaturgie äußerst interessant gestaltet und übermitteln wichtige Informationen auf höchst angenehme Weise. Besser kann man einen Überblick über den eigenen **Werdegang** kombiniert mit wichtigen »Werbebotschaften« und konkreten Arbeitsangeboten kaum gestalten. Das **Foto** vermittelt, obwohl eher klassisch, den Eindruck, die Kandidatin spricht mich als Leser direkt an. Das schafft Sympathie und Interesse. Auch die Fußzeile macht sich sehr gut. Die Geburt der Tochter und der Erziehungsurlaub sind gut platziert.

Das **Verzeichnis** ist sehr kurz, die beigefügten Zeugnisse sind hier wieder weggelassen. Übrigens sollten Sie stets mit blauer Tinte unterschreiben, was aus drucktechnischen Gründen hier nicht dargestellt werden kann.

Einschätzung

Ein sehr gelungenes Beispiel in Form eines überzeugenden Beweises für Eigeninitiative. Eine außergewöhnlich interessante Präsentationsform der eigenen »Werbebotschaft«.

Dirk Dernbach
Hranitzkystr. 45
12277 Berlin
Tel.: (030) 123 89 73
E-Mail: Dirk.Dernbach@t-online.de

12. August 2006

Gottschalk und Partner GmbH & Co KG
Personalabteilung
Hackescher Markt 21
D – 10178 Berlin

Initiativbewerbung als Bereichsleiter Qualitätsmanagement

Sehr geehrte Damen und Herren,

ich möchte mich als Ingenieur für die Position Bereichsleiter Qualitätsmanagement bewerben. Ich glaube, dass ich mit meinen Kenntnissen und Fähigkeiten erfolgreich Ihren Betrieb unterstützen könnte.

Nach meiner Lehre als Betriebsschlosser habe ich an der Technischen Fachhochschule Maschinenbau studiert und mich bei der „Deutschen Gesellschaft für Qualität" zum Qualitäts-Fachingenieur weitergebildet. Praktische Erfahrungen habe ich insbesondere durch den Aufbau eines QM-Systems und der Einleitung des Zertifizierungsverfahrens nach DIN EN ISO 9001 erworben. Meine Sprachkenntnisse in Englisch verbesserte ich ebenfalls außerhalb meines Dienstes an der Berlitz School. Sehr gute PC-Anwenderkenntnisse kann ich ebenfalls vorweisen.

In meiner derzeitigen Tätigkeit als Abteilungsleiter QM habe ich gezeigt, dass ich mich eigenverantwortlich, teamorientiert und mit Engagement für die Sache der Qualität einsetzen kann. Aufgrund von konzernweiten Umstrukturierungsmaßnahmen und der Dezentralisierung des Qualitätswesens entfällt leider mein Arbeitsplatz zum 30.09.2006.

Den ausführlichen beruflichen Werdegang entnehmen Sie bitte den beigefügten Bewerbungsunterlagen. Über eine Einladung zu einem persönlichen Gespräch würde ich mich sehr freuen und stehe Ihnen jederzeit zur Verfügung.

Mit freundlichen Grüßen

D. Dernbach

Dirk Dernbach

Anlage: Bewerbungsmappe

PS: Vom 18.08.2006 bis 24.08.2006 nehme ich am Auditorenlehrgang der DGQ in Dortmund teil.

Bewerbungsunterlagen

Dirk Dernbach
Berlin

zur Vorlage bei
Gottschalk und Partner GmbH & Co KG
Berlin

als
Bereichsleiter Qualitätsmanagement

Lebenslauf

1   Persönliche Daten

Name: Dirk Dernbach

Anschrift: Hranitzkystr. 45

Tel.:   (030) 123 89 73

Geboren am: 09. September 1962

Geburtsort: Frankfurt am Main

Familienstand: Lebensgemeinschaft mit einer Bibliothekarin

Hobbys: Schach, Fernöstliche Philosophie, Tai Chi Chuan

2   Berufspraxis

2.1   Betriebsschlosser

Firma: Müller Metallbau, Hannover
                   ABC Industrie- und Stahlbau GmbH, Hannover
                   Ferrotec Metall- und Messebau, Berlin
Beschäftigt: von 10/1980 bis 10/1987
Aufgaben:
- Reparatur und Wartung von Werkzeugmaschinen

2.2   Gruppenleiter Qualitätssicherung

Firma: Energie GmbH, Werk Bremen
Produkte: Starterbatterien, Industriebatterien, Traktionsbatterien dryfit
Beschäftigte: 250
Führung: 10 Mitarbeiter
Beschäftigt: von 05/1993 bis 12/1999
Aufgaben:
- Wareneingangs- und Fertigungsprüfungen
- Aufbau eines Qualitätssicherungssystems
- Statistische Auswertung von Messdaten
- Beschaffung von Prüf- und Messmitteln
- Erstellung von Verfahrens- und Prüfanweisungen
- Mitarbeit beim Aufbau eines QS-Systems im Werk Spanien

2.3   Abteilungsleiter Qualitätswesen

Firma: IKROM AG, Berlin
Produkte: Mechanische und elektronische Zylinderschlösser,
                    Schließanlagen, Kastenschlösser und Schutzbeschläge
Beschäftigte: 500, Umsatz: 200 Mio.
Führung: 15 Mitarbeiter, Berichterstattung: an den Vorstand
Beschäftigt: seit 01/2000
Aufgaben:

* Qualitätsplanung, Qualitätstechnik und Qualitätsberichterstattung
* Wareneingangs-, Fertigungs- und Endprüfungen
* Aufbau und Pflege eines QM-Systems nach DIN EN ISO 9001
* Vorbereitung der Zertifizierung des QM-Systems
* Durchführung von internen und externen Qualitätsaudits
* Durchführung von betriebsinternen Qualitätsschulungen
* Projektmanagement im Bereich Qualitätssicherung
* Einführung von Arbeitsgruppen zur Entwicklung des Qualitätsbewusstseins in Richtung TQM
* Mitarbeit bei Einführung von Fertigungsinseln, Lean Management und anderen Restrukturierungsmaßnahmen

3   Ausbildung

3.1   Schul- und Berufsausbildung

05/1977 bis 08/1980   Lehre als Betriebsschlosser, Fa. Mahnwald, Hannover
                             Abschluss: Facharbeiter

10/1987 bis 02/1989   Fachoberschule, Hannover
                             Abschluss: Fachhochschulreife

03/1989 bis 07/1992   Technische Fachhochschule (TFH), Hannover
                             Fachrichtung Maschinenbau
                             Abschluss: Diplom-Ingenieur

3.2   Fortbildung

11/1992 bis 05/1993   REFA-Grundausbildung für das Arbeitsstudium
                             REFA-Landesverband Hannover e.V., Hannover
                             Abschluss: REFA-Grundschein

09/1993 bis 03/1995   Lehrgang: Qualitätstechnik QII
                             Deutsche Gesellschaft für Qualität (DGQ), München
                             Abschluss: Qualitätstechniker DGQ

03/1996 bis 07/1998	Lehrgang: Qualitätsmanagement QM Deutsche Gesellschaft für Qualität (DGQ), München **Abschluss:** Qualitätsfachingenieur DGQ
06/2001	Prüfungslehrgang: DGQ-Auditor Deutsche Gesellschaft für Qualität (DGQ), München **Abschluss:** DGQ-Auditor/EOQ Quality Auditor

3.3   Weitere Kenntnisse und Fähigkeiten

seit 1998	PC-Lehrgänge zur Textverarbeitung und Tabellenkalkulation, intensive Beschäftigung mit Textverarbeitung und Tabellenkalkulation („MS Office") und weiteren Windows-Programmen, Grundkenntnisse der EDV und BASIC-Programmierung vorhanden
seit 2001	Mitglied im Verein Deutscher Ingenieure (VDI), Sektionsleiter in Berlin Besuch div. Seminare und Vorträge zu Themen der QS
seit 2002	Verbesserung der englischen Sprachkenntnisse bei Berlitz International Inc., Berlin

Referenzen und Arbeitsproben können bei Interesse vorgelegt werden.

4   Meine praktischen Erfahrungen und Arbeitsweisen

Schulungen zu *Grundlagen und Werkzeugen der QS* und Arbeitsgruppen zur *Entwicklung des Qualitätsbewusstseins* haben sich als wichtige Vorgehensweisen zum Aufbau und zur Weiterentwicklung eines QM-Systems gezeigt. Mit modernen Moderationstechniken wie Metaplantechnik unterstütze ich die eher theoretischen Ausführungen. Mein Ziel ist es, alle Mitarbeiter zu motivieren, dass sie sich für die Sache der Qualität selbst verantwortlich fühlen. Aufgrund meiner Praxis spreche ich „alle Sprachen" innerhalb eines Unternehmens.

Ich vertrete die Sache der Qualität zwar fest, aber mit diplomatischem Geschick durch Überzeugung und Motivation. Meine Mitarbeiter führe ich stets zielstrebig und unter Praktizierung von Teamarbeit. Mit dem notwendigen Maß an Offenheit, Einfühlungsvermögen und Kreativität treibe ich mit aller Kraft die Weiterentwicklung des QM-Systems voran. Gerne beschäftige ich mich mit modernen Qualitätsmanagement- und Führungstechniken sowie statistischen Verfahren. Die betriebsinternen und externen Veröffentlichungen zu QM-Themen gehören dazu.

Berlin, 12. August 2006

D. Dernbach

Berlin, 12. August 2006

Dirk Dernbach, Diplom-Ingenieur (FH)
Hranitzkystr. 45
12277 Berlin
Tel.: (030) 123 89 73
E-Mail: Dirk.Dernbach@t-online.de

Gottschalk und Partner GmbH & Co KG
Personalabteilung
Frau Dr. Müller-Peters
Hackescher Markt 21
D – 10178 Berlin

**Diplom-Ingenieur mit langjähriger Berufserfahrung sucht Herausforderung als
Bereichsleiter Qualitätsmanagement**

Sehr geehrte Frau Dr. Müller-Peters,

auf Empfehlung von Herrn Volling, mit dem ich gestern telefoniert habe, sende ich Ihnen
meine Bewerbungsunterlagen.

Zu meiner Person:
Nach meiner Lehre als Betriebsschlosser habe ich Maschinenbau studiert und mich
bei der „Deutschen Gesellschaft für Qualität" zum Qualitäts-Fachingenieur
weitergebildet. Zurzeit bin ich in einem Spezialunternehmen für Schließanlagen
als Abteilungsleiter QM tätig.

Mein Wissen und Können im Bereich QM habe ich besonders durch den Aufbau
eines QM-Systems und die Einleitung des Zertifizierungsverfahrens nach
DIN EN ISO 9001 unter Beweis gestellt. In meiner täglichen Arbeit bin ich es gewohnt,
mich eigenverantwortlich, teamorientiert und mit Engagement für die Sache der Qualität
einzusetzen. Eine starke Leistungsmotivation gepaart mit hoher Lernbereitschaft rundet
mein berufliches und persönliches Profil ab.

Ich wünsche mir neue herausfordernde Aufgaben im Bereich QM und möchte gern
einen Beitrag zur Weiterentwicklung Ihres Unternehmens leisten. Wenn ich Ihr Interesse
geweckt habe, würde ich mich über eine Einladung sehr freuen.

Mit freundlichen Grüßen

Dirk Dernbach

Anlage: Bewerbungsmappe

Bewerbungsunterlagen

Dirk Dernbach
Hranitzkystr. 45
12277 Berlin
Tel. (030) 123 89 73
E-Mail: Dirk.Dernbach@t-online.de

für die
Gottschalk und Partner GmbH
Berlin

als
Bereichsleiter Qualitätsmanagement

Lebenslauf

1   Persönliche Daten

Dirk Dernbach

Hranitzkystr. 45, 12277 Berlin

Tel.: (030) 123 89 73 / E-Mail: Dirk.Dernbach@t-online.de

Geboren am 09. September 1962 in Frankfurt/Main

Lebensgemeinschaft mit Petra Schneider, Bibliothekarin

Hobbys: Schach, Tai Chi Chuan

2   Berufspraxis

2.1   Abteilungsleiter Qualitätswesen

Firma: IKROM AG, Berlin
Produkte: Mechanische und elektronische Zylinderschlösser,
                    Schließanlagen, Kastenschlösser und Schutzbeschläge
Beschäftigte: 500, Umsatz: 200 Mio. EUR
Führung: 15 Mitarbeiter, Berichterstattung an den Vorstand
Beschäftigt: seit 01/2000
Aufgaben: • Qualitätsplanung, Qualitätstechnik und Qualitätsbericht-
                      erstattung
                    • Wareneingangs-, Fertigungs- und Endprüfungen
                    • Aufbau und Pflege eines QM-Systems nach DIN EN ISO 9001
                    • Vorbereitung der Zertifizierung des QM-Systems
                    • Durchführung von internen und externen Qualitätsaudits
                    • Durchführung von betriebsinternen Qualitätsschulungen
                    • Projektmanagement im Bereich Qualitätssicherung
                    • Einführung von Arbeitsgruppen zur Entwicklung
                      des Qualitätsbewusstseins in Richtung TQM
                    • Mitarbeit bei Einführung von Fertigungsinseln, Lean Manage-
                      ment und anderen Restrukturierungsmaßnahmen

2.2   Gruppenleiter Qualitätssicherung

Firma: Energie GmbH, Werk Bremen
Produkte: Starterbatterien, Industriebatterien, Traktionsbatterien dryfit
Beschäftigte: 250
Führung: 10 Mitarbeiter
Beschäftigt: von 05/1993 bis 12/1999
Aufgaben: • Wareneingangs- und Fertigungsprüfungen
                    • Aufbau eines Qualitätssicherungssystems
                    • Statistische Auswertung von Messdaten
                    • Beschaffung von Prüf- und Messmitteln
                    • Erstellung von Verfahrens- und Prüfanweisungen
                    • Mitarbeit beim Aufbau eines QS-Systems im Werk Spanien

2.3   Betriebsschlosser

Firmen: 3 verschiedene Firmen der Metallindustrie, Hannover und Berlin
Beschäftigt: von 10/1980 bis 10/1987
Aufgaben: • Reparatur und Wartung von Werkzeugmaschinen

3　Ausbildung

3.1　Schul- und Berufsausbildung

03/1989 bis 07/1992	Technische Fachhochschule (TFH), Hannover Fachrichtung Maschinenbau Abschluss: Diplom-Ingenieur
10/1987 bis 02/1989	Fachoberschule, Hannover Abschluss: Fachhochschulreife
05/1977 bis 08/1980	Lehre als Betriebsschlosser, Fa. Mahnwald, Hannover Abschluss: Facharbeiter

3.2　Fortbildung

06/2001	Prüfungslehrgang: DGQ-Auditor Deutsche Gesellschaft für Qualität (DGQ), München Abschluss: DGQ-Auditor/EOQ Quality Auditor
03/1996 bis 07/1998	Lehrgang: Qualitätsmanagement QM Deutsche Gesellschaft für Qualität (DGQ), München Abschluss: Qualitätsfachingenieur DGQ
09/1993 bis 03/1995	Lehrgang: Qualitätstechnik QII Deutsche Gesellschaft für Qualität (DGQ), München Abschluss: Qualitätstechniker DGQ
11/1992 bis 05/1993	REFA-Grundausbildung für das Arbeitsstudium REFA-Landesverband Hannover e.V., Hannover Abschluss: REFA-Grundschein

3.3　Weitere Kenntnisse und Fähigkeiten

seit 2002	Verbesserung der englischen Sprachkenntnisse bei Berlitz International Inc., Berlin
seit 2001	Mitglied im Verein Deutscher Ingenieure (VDI), Sektionsleiter in Berlin Besuch div. Seminare und Vorträge zu Themen der QS
seit 1998	PC-Lehrgänge zur Textverarbeitung und Tabellenkalkulation, intensive Beschäftigung mit Textverarbeitung und Tabellen-kalkulation („MS Office") und weiteren Windows-Programmen, Grundkenntnisse der EDV und BASIC-Programmierung vorhanden

Referenzen und Arbeitsproben können bei Interesse vorgelegt werden.

Was spricht für mich?

Meine beruflichen Leistungen

- nachweislich langjährige erfolgreiche Führungsqualifikation
- fundierte Kenntnisse in allen Bereichen der Qualitätsplanung, -technik und -berichterstattung
- Aufbau und Pflege von QM-Systemen
- Projektmanagement im Bereich Qualitätssicherung
- Durchführung von internen und externen Qualitätsaudits
- Durchführung von betriebsinternen Qualitätsschulungen
- statistische Auswertung von Messdaten

Meine Arbeitsweise

Meine besondere Stärke ist mein diplomatisches Geschick sowie meine Art, Mitarbeiter in Sachen QM zu motivieren und zu überzeugen. Der Umgang und die zielorientierte Zusammenarbeit mit anderen Menschen sind für mich persönlich von großer Bedeutung. Dabei beherrsche ich als praxiserprobter Fachingenieur alle „Register" in der Verantwortung, die Sache der Qualität effektiv zu vertreten.

Berlin, 12. August 2006   Dirk Dernbach

Zu den Unterlagen von Dirk Dernbach

1. Version

Mit sehr schlichten grafischen Mitteln wendet sich der Bewerber im **Anschreiben** an die »Sehr geehrten Damen und Herren«, einen Fehler, den Sie hinreichend kennen, und zeigt damit, dass vorab kein telefonischer Kontakt aufgenommen wurde.

Mit einem »Glaubensbekenntnis« und einem nicht überzeugend getexteten zweiten Absatz geht es weiter, gipfelnd in der sprachlichen Ungeschicktheit, PC-Kenntnisse »ebenfalls vorweisen« zu können. Das gesamte Anschreiben ist im Blocksatz gesetzt. Wir empfehlen eher den Flattersatz, der den Brief lebendiger wirken lässt. Und bei der Unterschrift immer Vor- und Zuname; der Vorname ist ein Sympathieträger (aber: keine maschinenschriftliche Wiederholung darunter!). Auch das PS ist unglücklich, da keine eindeutige Botschaft erkennbar wird.

Kurzum: Der Anschreibenstext ist ziemlich unzulänglich, aber wenden wir uns jetzt der Bewerbungsmappe zu: Das **Deckblatt** ist ordentlich, wenngleich die Formulierung »zur Vorlage« deutlich bürokratisch-veraltet wirkt.

Der **Lebenslauf** hat ein ausgeprägtes Gliederungssystem und wirkt auf der ersten Seite wegen der schwerfälligen Form (»Name«, »Anschrift«, »Tel.«, »Geboren am«) unelegant, unmodern. Abschnitt 2 präsentiert die beruflichen Stationen in einer chronologischen Version, was unvorteilhaft ist (an sich geschickt ist die Zusammenfassung der ersten drei Berufsstationen). Ebenso wird in Abschnitt 3 verfahren, was aber hier als durchaus sinnvoll erscheint. Der 4. Abschnitt ist ein misslungener Versuch einer **Dritten Seite**, die stilistisch an das Anschreiben erinnert. Auch wenn der Bewerber Ingenieur und nicht Germanist ist, müssen an die textliche Gestaltung höhere Ansprüche gestellt werden.

Was für ein schlichtes, bescheidenes **Foto**. Ein Jugendporträt? Sie werden denken, wir übertreiben, aber in der Realität sind solche und schlimmere Fotos nicht selten.

Trotz ansatzweise guter Ideen ist diese erste Version nicht befriedigend.

2. Version

Dem immer noch eher schlichten Briefkopf folgt ein wesentlich besserer **Anschreibentext**. Hier wurde vorab telefoniert. Die Daten zur Person sind knapp und präzise und unterscheiden sich ganz wesentlich vom ersten Anschreiben. Auch auf das PS konnte verzichtet werden.

Das überarbeitete **Deckblatt** wirkt etwas frischer, ebenso wie die erste Seite des **Lebenslaufes** mit den persönlichen Daten. Im Abschnitt 2 wurden die beruflichen Stationen in der amerikanischen Form gegliedert. Jetzt sind die ersten Tätigkeiten noch besser zusammengefasst. Auch grafisch hat die Präsentation im Sinne einer besseren und leichteren Lesbarkeit weiter gewonnen. Der 3. Abschnitt ist unverändert geblieben.

Die **Dritte Seite**, jetzt auf einem Extrablatt, ist wesentlich prägnanter getextet und erfüllt so viel besser ihren Zweck. Alle drei Überschriften sind gut gewählt. Ob dieser Abschnitt auch mit einer Vier vor der Überschrift versehen sein sollte, ist sicherlich Geschmackssache.

Endlich auch ein überzeugendes, sehr sympatisches **Foto**.

Einschätzung

Eine deutliche Verbesserung einer im Ansatz schon ordentlichen Grundidee. Die sprachliche Gestaltung bedarf immer einer besonderen Anstrengung. In der Regel lohnt sich diese aber. »Sehr gut« nach der Überarbeitung.

Der Lebenslauf

Ihr Lebenslauf, wir nennen ihn besser den beruflichen Werdegang, ist das wichtigste Dokument, das für oder gegen Sie spricht. Also muss die Präsentation überzeugen, die Formulierung sehr sorgfältig sein. Rechnen Sie bei der Erstellung mit einem gewissen Zeitaufwand.

Jeder Lebenslauf sollte der jeweiligen Bewerbung »angepasst« werden, genauso wie das Bewerbungsanschreiben. Aus beiden sollte hervorgehen, dass Sie genau dem Anforderungsprofil der angestrebten Stelle entsprechen. Für jede Bewerbung benötigen Sie also im Grunde einen neuen Lebenslauf.

Empfehlung: Treten Sie in Ihrem Lebenslauf mit kleinen Zusatzqualifikationen aus der Masse hervor. Vielleicht haben Sie ein berufsspezifisches Ehrenamt oder Engagement, vielleicht ein besonderes Hobby oder eine spezielle Stärke, vielleicht waren Sie im Ausland oder haben sich aus Eigeninitiative weitergebildet.

Als Faustregel gilt: Ihre Freizeitbeschäftigungen sind dann von besonderem Interesse, wenn sie mit dem Arbeitsplatz und seinen Anforderungen in irgendeiner Verbindung stehen. Beispielsweise ist Ihre aktive Sportbegeisterung und die Tatsache, dass Sie Mannschaftskapitän Ihres Handballteams sind, dann von besonderem Informationswert, wenn Sie einen Beruf wählen, in dem es auf Ihre soziale Kompetenz ankommt. Sportaktive gelten als sozial befähigt. Wenn Sie z. B. Kassenwart in einem Verein waren, zieht ein Personalchef möglicherweise Rückschlüsse auf Ihre Zuverlässigkeit, Genauigkeit und Vertrauenswürdigkeit.

Der entscheidende Gedanke bei der Gestaltung des Lebenslaufes ist: Was könnte Sie bei dem angestrebten Arbeitsplatz in den Augen des Arbeitgebers interessant machen, aufwerten und von anderen Mitbewerbern positiv unterscheiden? Neben Kompetenz und Leistungsmotivation geht es besonders um Ihre Persönlichkeit. Dabei sagen Ihr Hobby und Ihre Interessen eine ganze Menge über Sie als Mensch aus.

Form

Was ist für die Gestaltung Ihres Lebenslaufs das Wichtigste? Ein Lebenslauf gehorcht den Prinzipien »Kürze« und »Klarheit«. Die Informationen und Argumente, die für Ihre Person sprechen, müssen auf den ersten Blick ins Auge stechen.

Maschinen- und computergeschriebene Lebensläufe helfen, diese Kürze und Klarheit auch optisch zu transportieren. Eine bis maximal vier Seiten sollten Sie dafür veranschlagen.

Handgeschriebene Lebensläufe sind nur auf ausdrückliche Aufforderung hin einzureichen. Wir halten dies im Übrigen für völligen Sadismus – ein handgeschriebener Lebenslauf kann nie gut aussehen und sprengt auch vom Platz her mit Sicherheit den Rahmen. Unsere Empfehlung in dieser Angelegenheit: Widersetzen Sie sich diesem Wunsch und steuern Sie lieber ein anderes handgeschriebenes Blatt bei, auf dem Sie eine zusätzliche Werbung in eigener Sache platzieren (siehe auch S. 105).

Gliederung

Grundsätzlich sind zwei Möglichkeiten zu unterscheiden. Am meisten verbreitet ist die chronologische Variante. Sie schreiben die Eckdaten der Zeitfolge nach auf, von der Schulbildung bis zur derzeitigen Tätigkeit. Dabei haben Sie wiederum die Auswahl, ob Sie mit Ihrer aktuellen Situation beginnen und auf der Zeitachse zurückgehen (so genannte französische bzw. amerikanische Form) oder ob Sie die Ereignisse nacheinander erzählen bis zum heutigen Zeitpunkt (so genannte deutsche Form), was immer weniger bevorzugt wird.

Inhalt

Viele Angaben im Lebenslauf sind »Kannbestimmungen«. Die Angabe des Familienstandes ist beispielsweise nicht zwingend notwendig. Abzuraten ist von Selbstbeschreibungen wie »geschieden« oder »wieder verheiratet« – ggf. schreiben Sie »verheiratet« oder »unverheiratet«. Folgendes Schema ist eine Orientierung für die Gestaltung Ihres Lebenslaufs.

1. **Persönliche Daten**
   - Vor- und Zuname
   - Anschrift, Telefon (besser auf der Deckblattseite, s. S. 60)
   - Geburtsdatum und -ort
   - Religionszugehörigkeit (nur wenn arbeitsplatzbezogen wichtig)
   - Familienstand, ggf. Zahl und Alter der Kinder
   - ggf. Name und Beruf des Ehepartners (muss nicht sein)
   - Staatsangehörigkeit (bei Ausländern)

2. **Schulausbildung**
   - besuchte Schulen (Typen)
   - Schulabschluss (Zeitangabe in Jahren)

3. **Hochschulstudium**
   - Fach/Fächer
   - Universität und Abschlüsse
   - ggf. Schwerpunkte
   - ggf. Thema der Examensarbeit/Promotion

4. **Berufstätigkeit**
   - Art der Berufsausbildung
   - Ausbildungsfirma/-institution (mit Ortsangabe)
   - Abschluss/Berufsbezeichnungen
   - Positionen, evtl. Kurzbeschreibung
   - Arbeitgeber (Orte und Zeitangaben)

5. **Berufliche Weiterbildung**
   - Alles, was mit der Berufspraxis in Zusammenhang steht.

6. **Außerberufliche Weiterbildung**
   - Kurse (Vorsicht bei der Auswahl!)
   - Fremdsprachen ja, Fallschirmspringen und Psychokurs nein

7. **Besondere Kenntnisse**
   - Fremdsprachen, EDV, Führerschein, andere Scheine und Qualifikationen

8. **Hobbys/Interessen, ehrenamtliches oder soziales Engagement, Sport, evtl. sogar Politik**
   - Überlegen Sie stets, welches Bild Sie dabei von sich entwerfen und ob diese Tätigkeiten zu Ihrer Bewerbung um diesen Arbeitsplatz passen.

Extratipps für Frauen

Oft schrecken Personalchefs davor zurück, wenn Sie im Lebenslauf einer Bewerberin lesen, dass diese ein oder mehrere kleine Kinder hat. Sie sind nicht dazu verpflichtet, Ihre Kinder anzugeben. Wenn Sie den Nachwuchs aber nicht einfach »unter den Tisch fallen lassen wollen«, können Sie einen kurzen Vermerk in Klammern dahinter setzen, z.B. zwei Kinder (deren Versorgung beispielsweise durch die Großmutter oder Tante sichergestellt ist).

Ein Hinweis zu den so genannten weißen Stellen im Lebenslauf: Sollten Sie keine lückenlose Berufspraxis vorzuweisen haben, so stellen Sie dies deutlich und selbstbewusst als Familienphase bzw. -arbeit heraus. In dieser Zeit haben Sie unendlich viel gelernt, was sich sinnvoll für Ihr berufliches Leben nutzen lässt, wie z.B. Organisation, Erziehung, Flexibilität, Belastbarkeit, Zeitmanagement etc.

Also noch einmal ganz deutlich: Sie waren nicht »Nur-Hausfrau« und Mutter, sondern Chefin eines eigenen funktionierenden »Unternehmens«. Führen Sie sich diese Qualifizierung immer wieder vor Augen. Bei Frauen löst gerade das Schreiben eines Lebenslaufes häufig Gefühle der Unzulänglichkeit und Frustrationen aus, weil Frau sich schwarz auf weiß mit ihrem Lebensverlauf auseinandersetzen muss. Besonders bei Frauen sind die beruflichen Wege oft verschlungen – vielleicht ist die Ehefrau ihrem Mann in eine Stadt gefolgt, in der es für sie beruflich uninteressant war, oder es sind immer wieder im Zusammenhang mit der Kindererziehung Unterbrechungen in der Berufstätigkeit notwendig geworden.

Extratipps für Bewerber über 48

Wenn Sie älter als 45 sind, reicht es völlig aus, in der Rubrik (Hoch-)Schule, den Schul- und ggf. Uni-Abschluss zu erwähnen. Alles andere ist – pardon – schon Lichtjahre vorbei.

Gut ist, wenn Sie bei den Hobbys sportliche Interessen angeben können. Das unterstreicht, dass Sie sich fit halten.

Extratipps für Hochschulabsolventen

Wenn Sie sich direkt nach Abschluss Ihres Hochschulstudiums bewerben, haben Sie naturgemäß wenig bis keine Berufspraxis vorzuweisen und der Lebenslauf sieht unter Umständen recht »dünn« aus. In diesem Fall kann es sinnvoll sein, eine Extraseite mit der Überschrift »Praktische Tätigkeiten« beizulegen, um auf besondere Kurse, Lehrwerkstätten, Projekte etc., die Sie im Rahmen Ihres Studiums absolviert haben, hinzuweisen. Auch mit dem Herausstellen von Studienschwerpunkten, Prüfungsthemen und Abschlussarbeiten, Wettbewerben und Auslandsaufenthalten haben Sie die Möglichkeit, sich positiv von anderen Bewerbern abzuheben.

9. **Sonderinformationen**
- z.B. über Auslandsaufenthalte, Praktika
- Hier könnten Sie auch eine zusätzliche Erklärung unterbringen, warum Sie diesen Arbeitsplatz wünschen.

10. **Foto**
- Ein professionelles Foto z.B. oben rechts auf den Lebenslauf kleben oder besser auf eine Deckblattseite (s. S. 60). Das Foto nicht klammern oder heften (wie gehen Sie mit sich um?!).

So könnte die Abfolge aussehen. Dabei ist das Foto sicherlich sehr wichtig und wird hier eigentlich zu Unrecht am Schluss aufgeführt. Dieser klassischen Abfolge stellen wir gleich eine andere Vorgehensweise gegenüber. Unsere zahlreichen Lebenslauf-Beispiele haben Ihnen aber hoffentlich schon verdeutlicht, wie groß Ihr Gestaltungsspielraum ist.

Alternativer Ablauf

1. Foto
- Ein professionelles Foto kleben Sie am besten entweder oben rechts auf den Lebenslauf oder – noch besser – auf eine Deckblattseite (s. S. 60). Das Foto nicht klammern oder heften.

2. Persönliche Daten
- Vor- und Zuname
- Anschrift, Telefon (besser auf der Deckblattseite)
- Geburtsdatum und -ort
- Religionszugehörigkeit (nur wenn arbeitsplatzbezogen wichtig)
- Familienstand, ggf. Zahl und Alter der Kinder
- ggf. Name und Beruf des Ehepartners (muss nicht sein)
- Staatsangehörigkeit (bei Ausländern)

3. Berufstätigkeit
- Art der Berufsausbildung
- Ausbildungsfirma/-institution (mit Ortsangabe)
- Abschluss/Berufsbezeichnungen
- Positionen, evtl. Kurzbeschreibung
- Arbeitgeber (Orte und Zeitangaben)

4. Berufliche Weiterbildung
- Alles, was mit der Berufspraxis in Zusammenhang steht.

5. Außerberufliche Weiterbildung
- Kurse (Vorsicht bei der Auswahl!)
- Fremdsprachen oder Zeitmanagement ja, Fallschirmspringen und Psychokurs nein

6. Hochschulstudium
- Fach/Fächer
- Universität und Abschlüsse
- ggf. Schwerpunkte
- ggf. Thema der Examensarbeit/Promotion

7. Schulausbildung
- besuchte Schulen (Typen)
- Schulabschluss (Zeitangabe in Jahren)

8. Besondere Kenntnisse
- Fremdsprachen, EDV, Führerschein, andere Scheine und Qualifikationen

9. Hobbys/Interessen, ehrenamtliches oder soziales Engagement, Sport
- Überlegen Sie stets, welches Bild Sie dabei von sich entwerfen und ob diese Tätigkeiten zu Ihrer Bewerbung um diesen Arbeitsplatz passen.

10. Sonderinformationen
- z. B. über Auslandsaufenthalte, Praktika
- Hier könnten Sie auch eine zusätzliche Erklärung unterbringen, warum Sie diesen Arbeitsplatz wünschen.

Nun folgen gleich vier Lebensläufe von Dirk Dernbach, den wir bereits kennen gelernt haben (s. S. 79). Sie sehen noch einmal in praktischer Ausführung die wichtigsten Möglichkeiten, den Lebenslauf zu strukturieren (chronologisch, zielgerichtet, funktional, kreativ).

Dirk Dernbach – Dipl.-Ing. (FH)

Hranitzkystr. 45
12277 Berlin
Tel.: (030) 123 89 73 / E-Mail: Dirk.Dernbach@t-online.de

geboren am: 09. September 1962
Geburtsort: Frankfurt am Main
Familienstand: Lebensgemeinschaft mit Bibliothekarin

Berufserfahrung

2000 bis heute	**IKROM AG, Berlin** **Abteilungsleiter Qualitätswesen**

- direkte Personalverantwortung für 15 Mitarbeiter
  der Abteilung Qualitätswesen
- langjährige Kompetenz in den Bereichen der Qualitätsplanung,
  -technik und -berichterstattung
- Erstellung und Pflege eines QM-Systems nach DIN EN ISO 9001
- Durchführung von internen und externen Qualitätsaudits
- Durchführung von betriebsinternen Qualitätsschulungen
- Projektmanagement im Bereich Qualitätssicherung
- Mitarbeit bei der Einführung von Fertigungsinseln,
  Lean Management und anderen Restrukturierungsmaßnahmen

1993 – 1999   Energie GmbH, Werk Bremen
                Gruppenleiter Qualitätssicherung

- Gruppenleitung von 10 Mitarbeitern
- Durchführung von Wareneingangs- und Fertigungsprüfungen
- Aufbau eines Qualitätssicherungssystems
- Konzeption von Verfahrens- und Prüfanweisungen
- Auswertung von statistischen Messdaten
- Mitarbeit beim Aufbau eines QS-Systems im Werk Spanien

Ausbildung

2001   Deutsche Gesellschaft für Qualität (DGQ), München
         zum DGQ-Auditor/EOQ Quality Auditor
1998   zum Qualitätsfachingenieur DGQ
1995   zum Qualitätstechniker DGQ
1992   Technische Fachhochschule (TFH), Hannover
         Diplom-Ingenieur Fachrichtung Maschinenbau

Mitgliedschaften

Verein Deutscher Ingenieure (VDI) – Sektionsleiter in Berlin

Dirk Dernbach – Dipl.-Ing. (FH)

Hranitzkystr. 45
12277 Berlin
Tel.: (030) 123 89 73 / E-Mail: Dirk.Dernbach@t-online.de

geboren am: 09. September 1962
Geburtsort: Frankfurt am Main
Familienstand: Lebensgemeinschaft mit Bibliothekarin

Berufsziel: Bereichsleiter Qualitätsmanagement

Berufserfahrungen

- Führungsqualifikation
- fundierte Kenntnisse in allen Bereichen der Qualitätsplanung, -technik und -berichterstattung
- Aufbau und Pflege von QM-Systemen
- Projektmanagement im Bereich Qualitätssicherung
- Durchführung von internen und externen Qualitätsaudits
- Durchführung von betriebsinternen Qualitätsschulungen
- statistische Auswertung von Messdaten

Arbeitsergebnisse

- Gruppenleitung von 15 Mitarbeitern
- Erstellung und Pflege eines QM-Systems nach DIN EN ISO 9001
- Mitarbeit bei der Einführung von Fertigungsinseln, Lean Management und anderen Restrukturierungsmaßnahmen
- Durchführung von Wareneingangs- und Fertigungsprüfungen
- Aufbau eines Qualitätssicherungssystems
- Konzeption von Verfahrens- und Prüfanweisungen
- Mitarbeit beim Aufbau eines QS-Systems

Berufsstationen

2000 bis heute	IKROM AG, Berlin **Abteilungsleiter Qualitätswesen**
1993 – 1999	Energie GmbH, Werk Bremen **Gruppenleiter Qualitätssicherung**

Ausbildung

2001	Deutsche Gesellschaft für Qualität (DGQ), München zum DGQ-Auditor/EOQ Quality Auditor
1998	zum Qualitätsfachingenieur DGQ
1995	zum Qualitätstechniker DGQ
1992	Technische Fachhochschule (TFH), Hannover Diplom-Ingenieur Fachrichtung Maschinenbau

Mitgliedschaften

Verein Deutscher Ingenieure (VDI) – Sektionsleiter in Berlin

Dirk Dernbach – Dipl.-Ing. (FH)
Hranitzkystr. 45
12277 Berlin
Tel.: (030) 123 89 73 / E-Mail: Dirk.Dernbach@t-online.de

geboren am: 09. September 1962 in Frankfurt/Main, unverheiratet

Abteilungsleiter Qualitätswesen

- direkte Personalverantwortung für 15 Mitarbeiter
  der Abteilung Qualitätswesen
- langjährige Kompetenz in den Bereichen der Qualitätsplanung,
  -technik und -berichterstattung
- Erstellung und Pflege eines QM-Systems nach DIN EN ISO 9001
- Durchführung von internen und externen Qualitätsaudits
- Durchführung von betriebsinternen Qualitätsschulungen
- Projektmanagement im Bereich Qualitätssicherung
- Mitarbeit bei der Einführung von Fertigungsinseln,
  Lean Management und anderen Restrukturierungsmaßnahmen

Gruppenleiter Qualitätssicherung

- Gruppenleitung von 10 Mitarbeitern
- Durchführung von Wareneingangs- und Fertigungsprüfungen
- Aufbau eines Qualitätssicherungssystems
- Konzeption von Verfahrens- und Prüfanweisungen
- Auswertung von statistischen Messdaten
- Mitarbeit beim Aufbau eines QS-Systems im Werk Spanien

Betriebsschlosser

- fundierte Fachkenntnisse durch 7-jährige Berufspraxis
- Reparatur und Wartung von Werkzeugmaschinen für die Stanzindustrie

Berufsstationen

2000 bis heute	IKROM AG, Bremen – Abteilungsleiter Qualitätswesen
1993 – 1999	Energie GmbH, Werk Bremen – Gruppenleiter Qualitätssicherung
1980 – 1987	3 verschiedene Firmen der Metallindustrie, Hannover und Berlin

Mitgliedschaften

Verein Deutscher Ingenieure (VDI) – Sektionsleiter in Berlin

Ausbildung

2001	Deutsche Gesellschaft für Qualität (DGQ), München zum DGQ-Auditor/EOQ Quality Auditor
1998	zum Qualitätsfachingenieur DGQ
1992	Technische Fachhochschule (TFH), Hannover Diplom-Ingenieur Fachrichtung Maschinenbau

Lebenslauf Dirk Dernbach

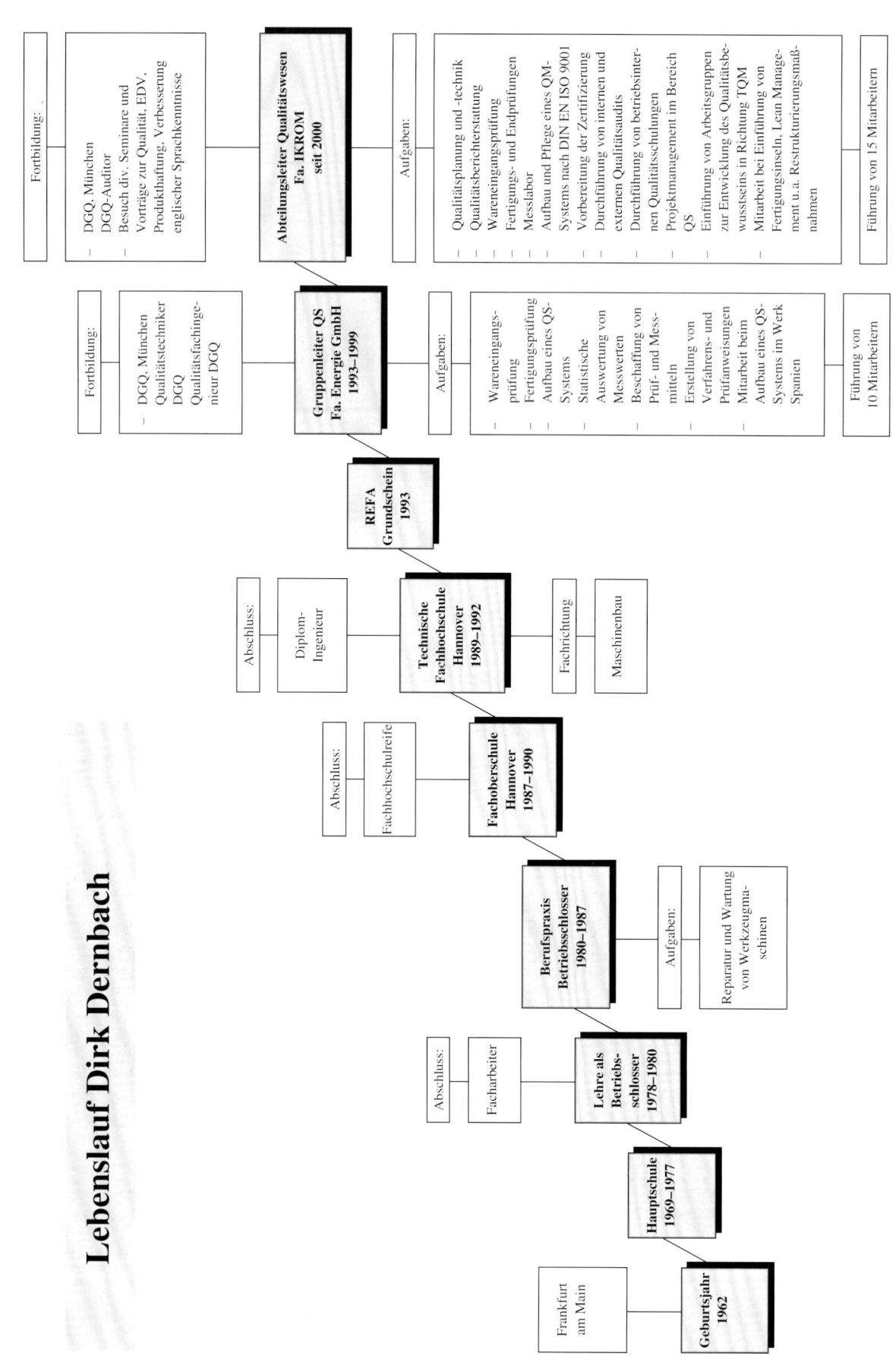

Frankfurt am Main

Geburtsjahr 1962

Hauptschule 1969–1977

Lehre als Betriebsschlosser 1978–1980

Abschluss: Facharbeiter

Berufspraxis Betriebsschlosser 1980–1987

Aufgaben: Reparatur und Wartung von Werkzeugmaschinen

Fachoberschule Hannover 1987–1990

Abschluss: Fachhochschulreife

Technische Fachhochschule Hannover 1989–1992

Abschluss: Diplom-Ingenieur

Fachrichtung: Maschinenbau

REFA Grundschein 1993

Gruppenleiter QS Fa. Energie GmbH 1993–1999

Fortbildung:
- DGQ, München Qualitätstechniker DGQ
- Qualitätsfachingenieur DGQ

Aufgaben:
- Wareneingangsprüfung
- Fertigungsprüfung
- Aufbau eines QS-Systems
- Statistische Auswertung von Messwerten
- Beschaffung von Prüf- und Messmitteln
- Erstellung von Verfahrens- und Prüfanweisungen
- Mitarbeit beim Aufbau eines QS-Systems im Werk Spanien

Führung von 10 Mitarbeitern

Abteilungsleiter Qualitätswesen Fa. IKROM seit 2000

Fortbildung:
- DGQ, München DGQ-Auditor
- Besuch div. Seminare und Vorträge zur Qualität, EDV, Produkthaftung, Verbesserung englischer Sprachkenntnisse

Aufgaben:
- Qualitätsplanung und -technik
- Qualitätsberichterstattung
- Wareneingangsprüfung
- Fertigungs- und Endprüfungen
- Messlabor
- Aufbau und Pflege eines QM-Systems nach DIN EN ISO 9001
- Vorbereitung der Zertifizierung
- Durchführung von internen und externen Qualitätsaudits
- Durchführung von betriebsinternen Qualitätsschulungen
- Projektmanagement im Bereich QS
- Einführung von Arbeitsgruppen zur Entwicklung des Qualitätsbewusstseins in Richtung TQM
- Mitarbeit bei Einführung von Fertigungsinseln, Lean Management u.a. Restrukturierungsmaßnahmen

Führung von 15 Mitarbeitern

Zu den vier Lebenslauf-Varianten von Dirk Dernbach

Hier stellen wir Ihnen zusätzlich vier separate Lebensläufe zu diesem Bewerber vor, die jeweils in einer sehr kurzen und knappen Form auf nur einer Seite das Wesentliche präsentieren. Mit diesen neuen Beispielen möchten wir Ihnen demonstrieren, dass Ihrer Kreativität bei der Gestaltung Ihres Lebenslaufes fast keine Grenzen gesetzt sind. Die Form kann je nach Funktion ganz anders aussehen und jeweils einem besonderen Zweck dienen.

Chronologischer Lebenslauf

In der ersten Variante werden nach den persönlichen Daten die Berufserfahrung, Ausbildung und Mitgliedschaften in komprimierter Form dargestellt. Es wird beim beruflichen Werdegang bewusst »Berufserfahrung« als Überschrift gewählt und das letzte Arbeitsverhältnis als Erstes aufgeführt. Beachten Sie auch, dass dieser Stellung der meiste Platz eingeräumt wird. Die Berufspositionen und Firmen werden hervorgehoben und die Aufgaben und Erfolge des Bewerbers genau beschrieben. Aus Platzgründen werden nur die letzten beiden Arbeitsstationen angegeben.

Dieser chronologische Lebenslauf entspricht, von geringfügigen Abweichungen abgesehen, der gängigsten Form, mit der die Arbeitgeber vertraut sind. Die Anwendung ist zu empfehlen, wenn Sie im gleichen Berufsfeld bleiben möchten, Ihr Aufstieg auf der Karriereleiter gut zu erkennen ist und Sie die letzte Position besonders hervorheben wollen.

Zielgerichteter Lebenslauf

Bei der zweiten Variante fällt als Erstes die Überschrift »Berufsziel« ins Auge. Es werden ohne Daten die Berufserfahrungen und Arbeitsergebnisse betont. Erst danach folgen mit Zeitangaben die letzten Berufsstationen, Ausbildung und Mitgliedschaften.

Dieser zielgerichtete Lebenslauf bietet sich an, wenn Sie ein klares Berufsziel vor Augen haben. Es ist allerdings unabdingbar, das gewünschte Berufsfeld sorgfältig erforscht zu haben. Sie sollten vor allem zukunftsbezogene Fähigkeiten präsentieren und diese durch Ergebnisse und Leistungen unterstützen. Bei dieser Form

können Sie auch Kenntnisse aufführen, die Sie bisher beruflich noch nicht eingesetzt haben. Nicht zu empfehlen ist dieser Lebenslauf jedoch, wenn Sie sich Ihrer Fähigkeiten nicht ganz sicher sind oder erst am Anfang Ihrer Karriere stehen und deshalb kaum Erfahrung besitzen.

Funktionaler Lebenslauf

Die persönlichen Daten werden hier aus Platzgründen auf eine Zeile reduziert. Dann folgen ohne Zeitangaben Beschreibungen der wichtigsten Fähigkeiten des Bewerbers nach Sachgebieten gegliedert, d.h. mit den Überschriften »Abteilungsleiter Qualitätswesen«, »Gruppenleiter Qualitätssicherung« und »Betriebsschlosser« versehen. Wie beim zielgerichteten Lebenslauf werden erst danach die Berufsstationen, Mitgliedschaften und Ausbildung mit zeitlichen Daten aufgelistet.

Bei diesem funktionalen Lebenslauf können Sie also Ihre Schwerpunkte und Stärken – nach Sachgebieten gegliedert – sehr gut unterstreichen und in eine Reihenfolge bringen, die auf Ihr Berufsziel zugeschnitten ist. Da Sie bei dieser Darstellung nicht an eine chronologische Auflistung gebunden sind, ist sie zu empfehlen, wenn Lücken und unproduktive Phasen in Ihrer beruflichen Entwicklung bestehen. Sie können sie ferner wählen, falls Sie einen Karrierewechsel vorhaben, viele verschiedene zusammenhanglose Tätigkeiten hatten oder gar Ihre erste Stelle suchen. Ebenso wie in der zielgerichteten Form können Sie hier Erfahrungen und Fähigkeiten hervorheben, die Sie sich in Ihrer Freizeit oder durch ehrenamtliche Tätigkeiten angeeignet haben.

Der Nachteil dieser Version ist der Aufwand, denn für jede einzelne Stelle muss dieser Lebenslauf neu gegliedert werden. Wie beim zielgerichteten Lebenslauf sind die Arbeitgeber nicht an diese Form der Darstellung gewöhnt. Daher könnte sie bei ihnen zunächst Verwirrung hervorrufen. Es liegt also an Ihnen, durch Ihre Bewerbungsunterlagen diese eventuelle Ungewohntheit auszubalancieren, indem Sie durch das Gesamtbild Ihres Werbeprospektes in eigener Sache überzeugen.

Kreativer Lebenslauf

Die letzte Version stellt eine besonders innovative Lebenslaufform dar. Wie wirkt diese Form auf Sie? Mit diesem Schaubild sind die einzelnen beruflichen Stationen grafisch klar und übersichtlich dargestellt. Bei den letzten beiden beruflichen Positionen sind auch die wichtigsten Aufgaben aufgelistet. Insgesamt kommt der berufliche Aufstieg sehr gut zur Geltung. Eine wirklich überzeugende, gelungene Präsentation!

Die Anwendung solch eines kreativen Lebenslaufes sollte allerdings gut überlegt sein. In sehr konservativen Bereichen (z. B. öffentlicher Dienst, Banken etc.) ist diese Form sicherlich nicht angebracht. Sie wählen diese Darstellung besser auch nur dann, wenn Sie wirklich in der Lage sind, etwas Überraschendes und Kreatives zu produzieren. Anwendungsmöglichkeiten bieten z. B. die Berufsbereiche: Schauspieler, Werbetexter, Fotomodelle, Karikaturisten, Produktmanager oder Reporter. Ein Werbetexter könnte eine gut geschriebene Anzeige über sich selbst verfassen, ein Fotomodell eine Collage aus ihren Bildern liefern oder ein Produktmanager sich selbst als »Produkt« darstellen. Je moderner das gewünschte Unternehmen ist, in dem Sie sich vorstellen möchten, desto unkonventioneller kann Ihre Präsentation ausfallen. Bleibt hier nur noch die Frage, wo das Foto platziert wird. Vorschlag: im Anschreiben.

Zur Platzierung der Fotos: Wenn man sich nicht für ein kleines Foto oben rechts unterhalb der Briefkopf-Absender-Gestaltung entscheiden will, bleibt einem noch ein Deckblatt, das neben dem Foto auch noch die persönlichen Daten des Bewerbers enthält, oder man platziert es auf dem Anschreiben im oberen Bereich.

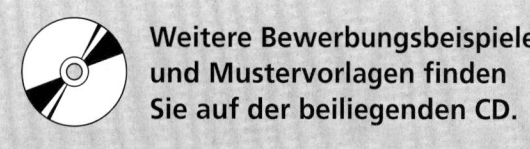

Weitere Bewerbungsbeispiele und Mustervorlagen finden Sie auf der beiliegenden CD.

Das Foto

»Bild schlägt Text« ist eine Journalistenregel, die deutlich die Wirkungskraft von Bildern unterstreicht. Ihnen geht es da sicher nicht anders, oder? Angenommen, Sie erhalten einen Brief mit einem Foto: Lesen Sie dann zuerst den Brief, oder werfen Sie zunächst einen Blick auf das beigelegte Foto? Na also, vermutlich siegt auch bei Ihnen die Neugier. Erst mal einen Blick auf das Foto werfen: Wie sieht der oder die denn aus? Aha, er lächelt, wie nett, ein sympathischer Mensch. Danach erst beginnen Sie mit dem Lesen des Briefes.

Ganz genau so ergeht es dem Personalchef. Er wird als Erstes das Foto unter die Lupe nehmen und sich in Sekundenschnelle ein Urteil bilden: Was für einen Eindruck macht dieser Mensch, wirkt er/sie sympathisch oder unsympathisch? Mürrisch oder freundlich? Zugewandt oder verschlossen? Und mit diesem Bild im Hinterkopf (und der schnellen Meinung, die er sich gemacht hat) beginnt der Chef, Ihre Bewerbung durchzulesen.

Es geht um den ersten Eindruck. Wenn Sie mit Ihrem Foto schon zu Beginn des Auswahlverfahrens Sympathie hervorrufen, haben Sie ganz einfach die besseren Chancen. Besonders dann, wenn die papierenen Qualifikationsnachweise doch nicht perfekt sind.

Das heißt: Benutzen Sie keine Foto-Automaten, sondern gehen Sie zum Fotografen. Abgesehen von den automatenüblichen Fehlbelichtungen und verzerrten Farbgebungen wird sich ein solches Billigverfahren auch negativ auf die Beurteilung Ihrer Persönlichkeit auswirken. Man könnte Sie für geizig halten, Ihr Selbstwertgefühl für wenig ausgeprägt, Ihre Motivation für die Bewerbung als zu gering. Ein Personalberater: »Aus der Qualität des Fotos ergibt sich ein Hinweis auf die Zielstrebigkeit des Bewerbers.«

Übrigens: Exzellente Kopien, besser noch eingescannte oder (noch besser) digitale Fotos sind heute auch schon voll akzeptiert.

Auch beim Format ist Vorsicht angebracht. Ein winziges Foto legt die Deutung nahe, dass Sie sich nicht wichtig genug nehmen. Umgekehrt spricht ein Postkartenporträt Bände über Ihre Eitelkeit. Wir zeigen Ihnen hier interessantere Formate und auch attraktivere Bildausschnitte. Jawohl, der Kopf, das Gesicht, darf angeschnitten sein, wirkt so viel dynamischer, einfach spannender.

Wir empfehlen ein Schwarz-Weiß-Foto. Das wirkt sowohl zurückhaltender als auch interessanter. Es lässt dem Betrachter mehr Interpretationsmöglichkeiten bei der Beurteilung Ihres Gesichts. Falls Sie dennoch ein Farbfoto vorziehen, wählen Sie dezente Kleidung und – für die Damen – sparsames Make-up.

Apropos Kleidung: Von einem offenen Hemdkragen ist ebenso abzuraten wie von einem tiefen Einblick in weibliche Reize. Wählen Sie die Kleidung, die dem von Ihnen angestrebten Berufsstand angemessen ist. Die Haare sollten gepflegt sein und auf keinen Fall die Augen verdecken – Sie haben doch nichts zu verbergen. Die Herren sollten sich vor dem Fototermin rasieren. Ansonsten gilt: Lächeln Sie, was das Zeug hält, machen Sie ein freundliches Gesicht. Denken Sie an eine große Liebe oder an Ihren Urlaub …

Wir raten Ihnen, mehrere Fotos anfertigen zu lassen, diese dann (wohlmeinenden) Freunden zur Beurteilung vorzulegen und gemeinsam das Beste auszuwählen.

Auf die Rückseite Ihres Fotos gehört mit Bleistift Ihr Name (falls es sich vom Papier löst). Wo Sie es platzieren, bleibt Ihnen überlassen: entweder auf dem Umschlag bzw. Deckblatt Ihrer Bewerbungsmappe, auf der ersten oder zweiten Seite, je nachdem, wie Sie Ihren beruflichen Werdegang bzw. Lebenslauf präsentieren (s. Beispiele auf S. 60 ff.).

Ein außergewöhnliches Format, ein dunkler Hintergrund und ein leicht angeschnittener Kopf machen dieses Bild zum Hingucker und transportieren viel Sympathie.

Die gleiche Kandidatin, ein eher klassisches Bildformat, ein heller Hintergrund, ein sehr stark angeschnittener Kopf, dieses Foto kann man nicht überblättern.

Außer dem Kandidatinnen-Gesicht tritt alles in den Hintergrund. Das quadratische Format und diese Konzentration haben schon eine fast unheimliche Ausstrahlung

Eine außergewöhnliche Pose bei klassischem Format, der Anschnitt und der freundliche Gesichtsausdruck, eine gelungene Kombination, wenn auch nicht für jeden Job geeignet.

Neben dem Format, ein deutlich erkennbarer Hintergrund. Zusätzlich noch ein Requisit in der Hand. Alles außergewöhnlich, aber ein Hingucker, wo es passt.

Der gleiche Kandidat, jetzt in anderer Pose. Auch so kann man sich präsentieren. Sicherlich etwas gewagt, aber ohne Risiko kein Aufmerksamkeitsgewinn. Nur Mut!

Die Dritte Seite

Personalentscheider stehen oft unter Zeitdruck. So kann es ihnen leicht passieren, dass die im Bewerbungsanschreiben vorgetragenen Informationen und »Verkaufsargumente« wegen der Vielzahl der eingehenden Bewerbungsunterlagen gar nicht oder viel zu wenig Beachtung finden.

Häufig wird der Text des Anschreibens – wenn überhaupt – flüchtig überflogen (30 Sekunden bis maximal 1,5 Minuten). Der Leser wendet sich dann in der Regel schnell der beigefügten Bewerbungsmappe, insbesondere dem Foto des Bewerbers, seinen Interessen, Hobbys oder sonstigen Kenntnissen, den formalen Ausbildungs- und Arbeitsdaten zu. Erst wenn dies geschehen ist und ein positives Zwischenresultat im Kopf des Lesers abgespeichert ist, finden die weiteren Anlagen – meist Arbeits- und Ausbildungszeugnisse – Beachtung.

Was also tun? Fügen Sie doch die so genannte Dritte Seite bei.

Beim Blättern in Ihren Unterlagen stößt der Personalchef auf die für ihn relativ neue, unerwartete Seite mit der Überschrift:

- *Was mir wichtig ist*
  oder:
- *Was Sie noch wissen sollten*

Wer könnte da widerstehen? Dieser Text wird bestimmt – trotz allen Zeitdrucks – sehr aufmerksam gelesen und zur Kenntnis genommen. Wem es an dieser Stelle gelingt, in wenigen kurzen Sätzen das richtige Bild zu vermitteln, kann – wenn die anderen Eckdaten stimmen – mit einer Einladung zum Vorstellungsgespräch rechnen.

Diese Dritte Seite hebt Sie positiv von der Menge der eingesandten Bewerbungsunterlagen ab. Eine fantastische Chance für Sie als Bewerber, als »Drehbuchautor« und »Regisseur« Ihrer »Verkaufs-«(d.h. Bewerbungs-) Unterlagen.

Diese zusätzliche, sich an den Lebenslauf, beruflichen Werdegang etc. anschließende Seite ist in dieser Form relativ neu (seit Anfang der neunziger Jahre arbeiten wir damit). Sie hat vielen von uns beratenen Bewerbern eine Einladung zum Vorstellungsgespräch eingebracht.

Etwas bekannter und bereits Bewerbungsstandard ist an dieser Stelle vielleicht eine Extraseite mit der Auflistung von Publikationen (so Sie welche zu verzeichnen haben, ggf. Diplomarbeit o.Ä., Kurzzusammenfassung, Ergebnisse), der Skizzierung von besuchten Fortbildungsveranstaltungen, besonderen Arbeitsschwerpunkten oder Projekten, die für Sie als den richtigen Kandidaten sprechen.

Bisweilen wird immer noch eine Handschriftenprobe abverlangt, und manche Kandidaten schreiben dann offensichtlich in Ermangelung einer kreativen Idee skurrile Texte aus der Zeitung ab, was auch eine Art Dritte Seite darstellt.

Unsere Dritte Seite kann zusätzlich oder alternativ verwendet werden und transportiert richtig konzipiert die entscheidenden Argumente, warum Sie als Bewerber unbedingt in die engere Auswahl gehören, also zum Vorstellungsgespräch eingeladen werden und den vakanten Arbeitsplatz einnehmen sollten.

Ob handschriftlich mit blauer Tinte oder wie die anderen Seiten per Laser- oder Tintenstrahldrucker erstellt – mit dem richtigen Konzept, einer guten Formulierung und der trotz allem notwendigen Kürze erreichen Sie die optimale Aufmerksamkeit des auswählenden Lesers.

Gestaltungsdetails

Papier

Es empfiehlt sich, das gleiche Papier zu nehmen wie für die vorangegangenen Seiten (etwas schwereres, festes Papier, evtl. mit Wasserzeichen). Denkbar wäre aber auch ein ganz besonderes, wertvolles Papier, wie es z. B. für Urkunden verwendet wird. In jedem Fall muss es sich gegenüber den übrigen folgenden Anlagen (Zeugniskopien etc.) deutlich positiv abheben.

Überschrift

Die Überschrift hat die Funktion zu überraschen, Interesse und Neugierde zu wecken und inhaltlich kurz auszusagen, worum es geht. Hier einige weitere Beispiele:

- *Zu meiner Bewerbung*
- *Meine Motivation*
- *Warum ich mich bewerbe*
- *Zu meiner Person*
- *Was Sie noch wissen sollten*
- *Ich über mich*
- *Was mich qualifiziert*
- *Warum ich?*

Der Kreativität sind fast keine Grenzen gesetzt. Überschrift und Text sollten aber passen! Eventuell schreiben Sie die Headline mit der Hand. Am besten bringen Sie erst einmal die zu vermittelnde Botschaft zu Papier und formulieren dann die geeignete Titelzeile.

Aufbau

Was sind die Argumente und Aussagen, was ist Ihre Botschaft, die bei dem auswählenden Leser Ihr Ziel erreicht, also eine Einladung zum persönlichen Gespräch bewirkt?

Da Sie etwa sieben bis maximal 15 Zeilen zur Verfügung haben …

(Bitte nicht mehr als etwa 60 Anschläge, übliche Schriftgröße, bloß nicht zu klein, fürs Auge zu beschwerlich, grafisch unappetitlich.)

… ist hier der entscheidende Platz, Ihre Person entsprechend vorzustellen.

Inhalt

Thematisch kommen Aussagen zu Ihrer Person, Motivation und Kompetenz infrage. Versuchen Sie aber bloß nicht, zu viele Informationen auf diese eine Seite zu pressen, das würde eher einen nachteiligen Eindruck erzeugen.

Inhaltlich darf die von Ihnen gewählte Botschaft in Zusammenhang stehen mit Aussagen im Anschreiben, mit Lebenslauf- und Arbeitsplatzstationen und darüber hinaus noch etwas persönlicher, pointierter formuliert sein.

Bloße Aufzählungen wie: »Ich bin der Größte, Schnellste, Schönste« etc. überzeugen wenig, bewirken eher das Gegenteil. Nicht die pure Aneinanderreihung bringt es, sondern die für den Leser nachvollziehbare – weil auch im Lebenslauf erkennbare – Argumentation.

Abschluss

Ob Sie zum Abschluss mit königsblauer Tinte unterschreiben oder nicht (Ort, Datum), steht Ihnen frei. Wir jedenfalls empfehlen es.

Die Anlagen

Das Wort »Anlagen« suggeriert, es könnte sich um eine Art nebensächliches Anhängsel handeln. Doch Vorsicht! Unterschätzen Sie nicht die Bedeutung dieser Papiere.

Arbeitszeugnisse

Ziemlich wichtig: Wissen Sie, was wirklich in Ihren Arbeitszeugnissen über Sie ausgesagt wird? In Zeugnissen findet eine Art »Geheimsprache« Verwendung. Um sicher zu sein, informieren Sie sich. Holen Sie Expertenrat ein.

Diplom-, Ausbildungs- und Arbeitszeugnisse

Legen Sie solche Zeugnisse bitte nur bei, wenn diese nicht älter als zehn, fünfzehn Jahre sind. Generell gilt: Immer den höchsten Ausbildungsabschluss in die Anlage, d.h. bei Studium kein Abi-Zeugnis, bei Abitur keins der mittleren Reife etc.

Zertifikate

Zertifikate von privaten Einrichtungen oder Kursen, wie Nachtangeln in Katalanien, Topflappenhäkeln in der Toskana, sind nur dann sinnvoll, wenn sie mit der Bewerbung in unmittelbarem Zusammenhang stehen. Zertifikate über Volkshochschulkurse können Sie beifügen, wenn sie speziell Ihrer beruflichen Weiterbildung gedient haben.

Handschriftenprobe

Falls eine von Ihnen verlangt wird: Widersetzen Sie sich der Bitte um einen handgeschriebenen Lebenslauf. Sie kommen in Platznöte, und schön sieht eine solche Präsentation auch nicht aus. Nutzen Sie vielmehr die Gelegenheit, handschriftlich auf einer Extraseite (nach dem maschinenschriftlichen Lebenslauf) mit einigen gut platzierten Sätzen auf sich aufmerksam zu machen; umreißen Sie die Motivation Ihrer Bewerbung und weisen Sie nochmals auf Ihre Qualitäten hin. Schreiben Sie bloß nichts aus der Zeitung ab. Entwerfen Sie ein paar Sätze als Eigenwerbung.

Referenzen

Wollen und können Sie jemanden benennen, der für Sie als Fürsprecher auftritt? Nahe Verwandte sind nicht akzeptabel. Ihr zukünftiger Chef wünscht sich einen Profi, der längere Zeit mit Ihnen zusammengearbeitet hat. Es kann sich deshalb nur um Vorgesetzte handeln, in Ausnahmefällen um Personen mit öffentlicher Autorität (vom Bürgermeister bis zum Pfarrer).

Kennen Sie solche von Personalfachleuten akzeptierte Personen? Sind Sie sich deren Loyalität Ihnen gegenüber sicher, werden sie positive Auskünfte über Sie erteilen?

Sprechen Sie potenzielle Referenzgeber an, klären Sie ab, was Sie über sich berichtet haben wollen (egal, ob mündlich oder schriftlich). Falls Sie niemanden finden, nicht schlimm, denn die Bewertung von Referenzen ist keineswegs eindeutig. Personalchefs, die über einen Bewerber etwas herausfinden möchten, bevorzugen oft ihre eigenen Informationswege. Sie verdächtigen den Bewerber und seine Referenzpersonen der Subjektivität.

Wenn Sie wissen wollen, was Ihr ehemaliger Arbeitgeber von Ihnen hält, gibt es einen Trick. Bitten Sie eine Person Ihres Vertrauens bei Ihrem letzten Chef anzurufen und lassen Sie diese – getarnt als potenzieller neuer Arbeitgeber – eine Einschätzung Ihrer Person einholen.

Ein ehemaliger Arbeitgeber darf (laut Gesetz) nichts Nachteiliges über ausgeschiedene Mitarbeiter aussagen. Er muss sogar, falls er durch seine negativen Auskünfte eine Beschäftigung des Bewerbers bei einer anderen Firma verhindert, für den Schaden (Verdienstausfall etc.) aufkommen. So ist es zumindest in der Theorie. In der Praxis wird das allerdings nur sehr schwer nachzuweisen sein.

Arbeitsproben

Eigentlich kein Thema. Aber denken Sie daran: Ihre kompletten Bewerbungsunterlagen sind bereits eine erste Arbeitsprobe! Wie Sie sich präsentieren, wie sorgfältig Sie mit sich umgehen, sagt eine ganze Menge. Geben Sie sich Mühe, werden Sie sich auch bei der Arbeit engagieren. Gut formulierte und strukturierte Bewerbungsunterlagen sprechen für die Klarheit Ihres Denkens etc.

Das Anschreiben

Das Anschreiben verfassen Sie am besten ganz am Schluss. Nehmen Sie darin deutlich Bezug auf den Text im Stellenangebot (wenn es sich um ein Bewerbungsschreiben auf eine Anzeige hin handelt) oder den sonstigen Bewerbungsanlass (z.B. auf ein vorab geführtes Telefonat, auf eine unaufgeforderte Bewerbung).

Welche Argumente sprechen dafür, dass Sie der richtige Bewerber für die zu besetzende Stelle sind? Was sind Ihre Qualifikationen und Qualitäten (Kenntnisse, Fähigkeiten, Eigenschaften), die z.B. den im Anzeigentext genannten Anforderungen entsprechen? Warum bewerben Sie sich (Motivation), was ist Ihr Ausgangspunkt und was sind Ihre Ziele (ggf.: Ab wann sind Sie verfügbar)? Eine prägnante Zusammenfassung der wichtigsten Pro-Argumente ist die Herausforderung. Was spricht für Sie als Bewerber?

Nach diesen in der Regel fünf bis maximal zehn (in Ausnahmefällen höchstens 14) gut formulierten, überzeugenden Sätzen endet Ihr Bewerbungsanschreiben (hoffentlich nur eine Seite!) mit der Bitte um ein Vorstellungsgespräch, der Grußformel, Ihrer Unterschrift (Vor- und Zuname) und dem Hinweis auf die Anlagen.

Bewerbungsprofis entwickeln übrigens drei alternative Anschreiben, um diese einer selbst gewählten »Personalkommission« vorzulegen. Durch Tipps und kritische Anregungen von anderen lässt sich das Bewerbungsanschreiben oftmals wesentlich verbessern und von Mal zu Mal überzeugender gestalten.

Mit Rücksicht auf die Arbeitgeberpsyche (»immer gehetzt, immer unter Strom«) sollten Sie die goldene Regel berücksichtigen: In der Kürze liegt die Würze. Am besten ist ein Anschreiben von einer Seite. Vertretbar sind maximal eineinhalb Seiten, aber nur, wenn Sie wirklich etwas ungewöhnlich Wichtiges zu kommunizieren wissen. Natürlich mögen Sie Gründe haben, warum Sie nicht mit weniger als zwei Seiten auskommen. Aber damit erzeugen Sie beim eiligen Leser schon mehr als nur Ungeduld. Mit mehr als eineinhalb Seiten sind Sie mit Sicherheit aus dem Rennen. Zwanghafte Personalchefs legen übrigens bei ihnen eingehende Bewerbungsunterlagen bisweilen auf die Briefwaage und bei klarem Übergewicht sofort auf den Absagestapel.

Aufbau

»Sehr geehrte Damen und Herren« – so beginnen meist Geschäftsbriefe. Wenn Sie diese Anrede in einem Bewerbungsschreiben wählen, kann diese Formel einen groben Fehler darstellen. Nämlich dann, wenn aus der Anzeige hervorgeht, dass eine bestimmte Person diese Bewerbung entgegennimmt. An ihn oder sie müssen Sie das Bewerbungsanschreiben namentlich adressieren. Das allgemeine »Sehr geehrte Damen und Herren« könnte von Ihrem potenziellen Arbeitgeber als Schluderigkeit gedeutet werden.

Dies ist nur ein Beispiel dafür, wie aufmerksam Sie mit der Anzeige umgehen sollten. Sie kommen nicht darum herum, auf den Text im Stellenangebot Bezug zu nehmen. Wenn Sie sich unaufgefordert bewerben, müssen Sie sich vorher (z.B. telefonisch) informieren, an wen Sie am besten Ihr Anschreiben adressieren, um dann klar herauszustellen, was Sie anzubieten haben.

Versuchen Sie zu erklären, warum Sie der richtige Bewerber bzw. die richtige Bewerberin für die zu besetzende Stelle sind. Was sind Ihre Qualifikationen und Qualitäten? Garantiert falsch: 08/15-Anschreiben, die verschickt werden wie eine Massensendung.

Um einen besseren Eindruck zu machen, beantworten Sie folgende Fragen: Warum bewerben Sie sich, wo stehen Sie jetzt, und was sind Ihre Ziele? Antworten auf diese Fragen sollten aus Ihrem Anschreiben ebenso klar wie knapp hervorgehen. Beenden Sie Ihren Brief wie schon aufgeführt mit der Bitte um ein Vorstellungsgespräch, der Grußformel (»Mit freundlichen Grüßen«), Ihrer Unterschrift (Vor- und Zuname) und dem Hinweis auf die Anlagen (Diese brauchen nicht einzeln aufgelistet zu werden).

Auftakt

Jeder Journalist muss seine Leser mit dem ersten Satz neugierig machen, fesseln und zum Weiterlesen »verführen«. Denn Leser sind ungeduldig. Genau dasselbe gilt auch für Chefs. Deshalb sollten Sie den Einstieg zu Ihrer Bewerbung so gestalten, dass Ihr Arbeitgeber »dranbleiben« will. »Hiermit bewerbe ich mich um …« oder »Ich beziehe mich auf Ihre Anzeige …« sind stereotype und sehr langweilige Einstiege. Als Richtlinien für den Anfang gelten: Spannung erzeugen – Interesse wecken – Freundlichkeit vermitteln. Denken Sie an die AIDA-Formel (s. S. 58).

Hier einige mögliche Eröffnungen:
- *In Ihrer Anzeige vom … suchen Sie eine/n …*
- *Sie beschreiben eine berufliche Aufgabe, die mich besonders interessiert …*
- *Ich beziehe mich auf die von Ihnen ausgeschriebene Position …*
- *Mit großem Interesse habe ich Ihre Anzeige gelesen und möchte mich Ihnen als … vorstellen*
- *Sie suchen einen …*
- *Ich bin … und habe mit großem Interesse … gelesen …*
- *Die von Ihnen ausgeschriebene Position/Aufgabe …*
- *Ich stelle mich Ihnen als … vor und habe großes Interesse an …*

Hauptteil

Im Hauptteil Ihres Briefes liefern Sie alle Informationen, die wirklich substanziell sind. Sie müssen hier in kurzer und prägnanter Form darstellen, warum Sie sich bewerben und weshalb gerade Sie der richtige, geradezu ideale Bewerber sind. Vermitteln Sie, dass Sie genau ins Anforderungsprofil der Firma passen.

Schluss

Auch hier nicht in Plattheiten abgleiten, sondern einen freundlich-verbindlichen Schlusston setzen. Der letzte Satz klingt immer noch ein paar Momente im Gedächtnis nach. Nutzen Sie eventuell die Gelegenheit, durch ein »PS« nochmals auf sich und Ihr Anliegen aufmerksam zu machen. Führen Sie einen Aspekt an, der Ihnen einen zusätzlichen Pluspunkt bringt. Vielleicht gefällt das freundliche Postskriptum. Aufmerksamkeitsanalysen haben ergeben, dass auf einer Briefseite das Postskriptum nach der Bezugzeile (oder einer anderen Überschrift) die größte Beachtung findet.

Einige Abschlusssätze:
- *Wenn ich/meine Bewerbung Ihr Interesse geweckt habe/hat, freue ich mich über eine Einladung zu einem Vorstellungsgespräch.*
- *Sollten Ihnen meine Bewerbungsunterlagen zusagen, stehe ich Ihnen gern für ein Vorstellungsgespräch zur Verfügung.*
- *Wenn Sie nach Durchsicht der Unterlagen weitere Informationen bzw. ein erstes persönliches Gespräch wünschen, so stehe ich hierfür gern zur Verfügung.*

- *Ich würde mich freuen, wenn Sie mich nach Prüfung der Unterlagen zu einem Vorstellungsgespräch einladen. Hier könnten wir dann gegebenenfalls weitere Details (z.B. Eintrittstermin, Gehalt) besprechen.*
- *Über die Einladung zu einem Gespräch freue ich mich.*
- *Für alle weiteren Auskünfte stehe ich Ihnen gerne in einem persönlichen Gespräch zur Verfügung.*

Beispiele für ein Anschreiben

Die Stellenanzeige

> # Sanitärhaus Sturm
>
> Wir suchen einen jungen, fleißigen Sanitärfachmann, der auch gelegentlich in unserem Hauptgeschäft unsere Kunden berät.
>
> Wir erwarten
> - abgeschlossene Berufsausbildung
> - mindestens dreijährige Praxis
> - selbstständiges Arbeiten
> - Flexibilität (auch Wochenenddienst)
> - Erfahrungen im Verkauf
> - möglichst PC-Kenntnisse
>
> Ihre schriftliche Bewerbung richten Sie an:
> Anton Sturm, Burgalle 135, 21205 Hamburg

Unser Bewerber

Peter Pischer ist gelernter Gas-Wasserinstallateur und hat bereits fünf Jahre in seinem Beruf als Geselle gearbeitet. Seit einem halben Jahr ist er aber arbeitslos, nachdem der Kleinbetrieb seines Meisters, bei dem er auch die Ausbildung gemacht hatte (Abschluss: gut) Konkurs ging. In dieser Zeit hat Pischer einen Fortbildungslehrgang besucht und sich als Aushilfstätigkeit einen Nebenjob als Hausmeister organisiert. Nun möchte er jedoch endlich wieder in einem Handwerksbetrieb seiner Branche einen vollen Arbeitsplatz einnehmen. Er ist ziemlich flexibel, was den Arbeitsanfang anbetrifft. Vergleichen Sie die beiden Anschreiben:

Peter Pischer
Am Wallgraben 2
20201 Hamburg

Sanitärhaus Anton Sturm
Burgalle 135

21205 Hamburg

Hamburg, den 29.9.2005

Betr.: Ihre Anzeige

Sehr geehrte Damen und Herren,

ich bin gelernter Sanitärfachmann und möchte mich auf Ihre Anzeige bewerben. Sie suchen einen fleißigen und flexiblen Praktiker, der auch Erfahrungen im Verkauf nachweisen kann. Das kann ich. Leider bin ich zurzeit arbeitslos und suche deshalb mit allem Nachdruck und schnell eine neue Stelle.

Ich habe mich neben der Arbeit auch immer fortgebildet durch den Besuch der jährlichen Fachmessen und einen Speziallehrgang im April 2004 zur Vorbereitung eines Schweißprüfungslehrganges. Um nicht tatenlos zu Hause rumzusitzen, habe ich eine Nebentätigkeit als Hausmeister für 3 große Wohnblocks in unserer Straße übernommen. Ich habe bei dieser Tätigkeit meine handwerkliche Geschicklichkeit vielfältig unter Beweis gestellt.

Ich bin sicher, ich erfülle alle Ihre Voraussetzungen und Anforderungen und würde mich freuen, wir kämen zu einem Vorstellungsgespräch zusammen. Ich stehe ihnen dazu jederzeit zur Verfügung und würde mich freuen, von Ihnen bald zu hören.

Mit freundlichen Grüßen

Peter Pischer

Peter Pischer Am Wallgraben 2 20201 Hamburg Telefon: 35 42 612

Herrn
Anton Sturm
Sanitärhaus Sturm
Burgalle 135

21205 Hamburg   Hamburg, 29.9.2005

Ihre Anzeige vom 27.9.2005 im Abendblatt
Stichwort: fleißiger Sanitärfachmann

Sehr geehrter Herr Sturm,

vielen Dank für das freundliche und informative Telefonat. Ihre Ausführungen haben
mich bestärkt, Ihnen meine Bewerbungsunterlagen zu schicken.

Nach meiner Ausbildung zum Gas-Wasserinstallateur (Abschlussnote: gut) habe ich
fünf weitere Jahre in meinem Ausbildungsbetrieb gearbeitet. Während dieser Zeit wurde
ich sowohl mit Aufgaben der Altbausanierung betraut, als auch in unserem Verkaufs-
geschäft in der Müllerstraße bei der Kundenberatung und im Verkauf eingesetzt.

Der Umgang mit der Kundschaft hat mir immer sehr viel Spaß gemacht, und ich denke
von mir sagen zu können, dass ich ein gewisses Verkaufstalent habe. Da wir nur ein
Kleinbetrieb waren, hat mich mein Chef von Anfang an stark gefordert und mir eine sehr
selbstständige Arbeitsweise abverlangt. Diese habe ich, wie Sie aus meinem Arbeitszeugnis entnehmen können, zu seiner vollsten Zufriedenheit erfüllt.

Bedingt durch den Konkurs meines Arbeitgebers aufgrund eines Großkunden, der selbst
in Zahlungsschwierigkeiten gekommen war, musste ich mich um eine andere Tätigkeit zur
Überbrückung bemühen. Diese fand ich kurz darauf als Hausmeister und handwerkliche
Allroundkraft. Hier habe ich nicht nur meine Flexibilität und Einsatzstärke erneut unter
Beweis gestellt, sondern konnte auch meine sonstigen handwerklichen Fähigkeiten weiter
ausbauen. Zusätzlich habe ich mich auch in dieser Zeit beruflich fortgebildet, wie Sie den
beigefügten Anlagen entnehmen können.

Es würde mich freuen, Sie in einem Vorstellungsgespräch von meiner Qualifikation überzeugen zu können und bitte Sie deshalb mich einzuladen. Eine Arbeitsaufnahme könnte
dann sehr schnell erfolgen.

Mit freundlichen Grüßen

Peter Pischer

PS: Diese Bewerbungsunterlagen erstelle ich auf meinem eigenen PC (Modell XXX),
sodass ich Ihre Anforderungen diesbezüglich sicher alle erfüllen kann.

Anlagen

Was ist wichtig

Hier sucht ein Handwerksbetrieb eine neue Arbeitskraft. Wichtig scheinen die Einsatzfreude und die zeitliche Flexibilität des besser jungen und doch schon erfahrenen Bewerbers zu sein. Aber auch Selbstständigkeit und Verkaufserfahrungen sowie PC-Kenntnisse werden gewünscht. Da eine Adresse angegeben ist, empfiehlt es sich, inkognito die Örtlichkeiten einmal anzuschauen, um einen ersten Eindruck vom Unternehmen zu bekommen. Sie wissen dann auch bereits, wie lang der Anfahrtsweg ist. Ggf. schaut man im Branchentelefonbuch nach, um die Adresse zu überprüfen.

Anschreiben: 1. Version

Absender und Briefkopfzeile sind nicht nur langweilig, sondern auch leider unvollständig. Die Telefonangabe fehlt und würde somit eine schnelle telefonische Kontaktaufnahme (vielleicht die Einladung zum Vorstellungsgespräch) verhindern bzw. deutlich erschweren.

Das **Datum** schreibt man heutzutage etwas anders (siehe 2., verbesserte Version). Das ist zwar nicht besonders schlimm, aber dennoch verbesserungswürdig.

Die **Betreffzeile** ist in dieser Form völlig veraltet (man schreibt nicht mehr »Betr.:«) und auch wenig aussagekräftig. Welche Anzeige in welcher Zeitung zu welchem Zeitpunkt. Also unbedingt verbessern.

Die **Anrede** ist sehr unglücklich formuliert. Warum nicht den angegebenen Namen benutzen (Anton Sturm)?

Der **Inhalt** wirkt leider nicht sehr überzeugend. Stilistisch hat der Text einige »Hänger« und der wiederholte »Ich«-Satzanfang (nicht nur alle drei Absätze!) ist sehr unschön. Hier steckt das größte Verbesserungspotenzial. Hinzu kommt: Der Bewerber hat viele Argumente, die für ihn sprechen und offensichtlich auch für das Unternehmen von Bedeutung sind, nicht genutzt. Einzig positiver Aspekt: die Kürze und Gliederung (Absatzgestaltung!). Leider ist der Zeilenumbruch nicht immer ganz glücklich. Vielleicht auch noch positiv: die ungeschickte, jedoch ehrlich wirkende Aussage über die Arbeitslosigkeit und den starken Wunsch, beruflich schnell etwas zu finden. Das sollte aber wirklich besser ausformuliert werden. Last but not least: Trotz neuer Rechtschreibung sollten Sie die Anrede immer großschreiben (im letzten Satz: »ich stehe *Ihnen*«).

Die **Unterschrift** wird nun mal nicht maschinenschriftlich wiederholt. Kein großer, aber doch unnötiger Fehler. Sie sollten aber bitte stets mit Vor- und Zunamen unterschreiben.

Die **Anlagen** fehlen zwar nicht wirklich, sind hier aber nicht erwähnt. Schlecht!

Das Fazit

Schade, aber aus Fehlern lernt man (und vor allem Sie als Leser!) vielleicht am meisten. Und dass z. B. nicht die Chance wahrgenommen wurde, vorab zu telefonieren, gehört auch dazu. Also unbedingt besser machen.

Das Anschreiben: 2., verbesserte Version

Der **Absender**, die **Briefkopfzeile**, ist jetzt vollständig und nicht mehr langweilig. Des Weiteren sind verbessert worden:

- Das **Datum** wurde in die richtige Form gebracht.
- Die **Betreffzeile** ist aussagekräftig formuliert (Anzeige, Zeitung, Zeitpunkt).
- Die **Anrede** ist persönlich formuliert. Es wurde vorab telefoniert, was die Chancen enorm erhöht.
- Der **Inhalt** wirkt viel überzeugender. Stilistisch hat der Text gewonnen (keine »Hänger« und »Ich«-Satzanfang-Wiederholungen), ist aber etwas länger geworden. Der Bewerber bringt jetzt deutlich mehr Argumente, die für ihn sprechen und als Anforderung im Anzeigentext des Unternehmens standen. Die Gliederung (Absatzgestaltung!) ist weiterhin schön geblieben, und die ungeschickte Aussage über die aktuelle Arbeitslosigkeit unterbleibt, ebenso der Rechtschreibfehler. Das »PS« am Ende ist ein besonders gut gelungener, ein überzeugender Hinweis.
- Die **Unterschrift** (jetzt vollständig) wird nicht mehr maschinenschriftlich wiederholt.
- Der **Anlagenhinweis** fehlt nicht mehr.

Das Fazit

So werden alle Chance wahrgenommen, vom Vorab-Telefonat bis zum »PS-PC-Argument«. Kaum noch besser zu machen, wenngleich auch etwas lang geraten.

Die Stellenanzeige

Es folgt ein weiteres Beispiel eines Anschreibens. Auch hier haben wir zur Orientierung die Stellenanzeige abgedruckt, die der Bewerbung vorausging.

Die Dot Internet Service AG

Als einer der größten Dienstleister im weltweiten IT-Bereich (in über 50 Ländern mit insgesamt 200 Niederlassungen) stehen wir für absolute Kompetenz und Stärke.

Unser international agierendes Mutterunternehmen will Expansion um jeden Preis. Deshalb suchen wir Sie als

Marketing-Manager/in mit Vertriebserfahrung

und unternehmerischer Durchsetzungskraft.

Als pragmatisch, aber analytisch denkende(r) Stratege/in, als Spezialist/in in Sachen Assets & Powersale haben Sie positiv überzeugende Ausstrahlungskraft und kommunizieren erfolgreich unsere Konzepte, die Sie später auch beim Kunden effizient in die Praxis implantieren.

Neben exzellenten Englischkenntnissen besitzen Sie einen typischen Hochschulabschluss, Erfahrungen und Persönlichkeit, die Sie für diese herausragende Aufgabe qualifizieren.

Mit uns zum Ziel der Marktführerschaft auf dem heißesten Markt der Welt.

Wir freuen uns auf Ihre uns überzeugenden Unterlagen mit Gehaltswunsch und Eintrittstermin.

Die Dot Internet Service AG
Human Resources Frau Steffanie Stoss
Hamburger Allee 11-15
D-2002 Hamburg
Tel: 040 123 45 67 Fax: 040 123 54 76
E-Mail: job@dotitservice.com

Unsere Bewerberin

Sandra Sonnenberger ist Kommunikationswirtin und verfügt über eine fünfjährige Berufserfahrung in einer Marketing- und Vertriebsabteilung eines großen Dienstleisters (Berufsbekleidung). Sie hat ein Jahr in der Londoner Zentrale gearbeitet und sich durch verschiedene Seminarprogramme (Führung, Zeitmanagement, Verhandlungstechniken) weitergebildet. Ihre Kündigungsfrist beträgt drei Monate zum Quartalsende und ihr aktuelles Gehalt liegt bei 65.000 EUR per anno.

Was ist wichtig

Der Anzeigentext spart nicht an Superlativen. Dem kritischen Leser drängt sich diese stark narzisstisch geprägte Businessorientierung deutlich auf. »Mit uns zum Ziel ... um jeden Preis Expansion ... usw.« Hier sucht man Macher(innen), die etwas »auf dem heißesten Markt der Welt« erfolgsorientiert voranbringen wollen. Kampfstimmung und doch Ausstrahlung, Durchsetzungsvermögen, Optimismus sind gefragt und Praxiserfahrung Bedingung. Ein Profi mit Repräsentationspotenzial – und das sieht man ja auch schon an den Bewerbungsunterlagen – hätte eine gute Chance. Für eine telefonische oder E-Mail-Vorab-Kontaktaufnahme gibt es die nötigen Infos.

Sandra Sonnenberger
Wilmersdorfer Str. 104
81240 München
Tel: 089-55 34 213

Dot Internet Service AG
Human Resources
Frau Steffanie Stos
Hamburger Allee 11-15

D-2002 Hamburg

20. Oktober 2005

Ihr Inserat in der *Süddeutschen Zeitung* vom 18. Oktober 2005
»Marketing-Managerin mit Vertriebserfahrung«

Sehr geehrte Frau Stoss,

schon lange ist es mein Wunsch, für Ihr Unternehmen, das ich im Laufe meiner Berufstätigkeit
als stellvertretende Marketing- und Vertriebsleiterin für ein großes Mietservice-Unternehmen
in der Arbeitsbekleidungsbranche kennen und schätzen gelernt habe, zu arbeiten.
Diesen Wunsch sehe ich jetzt schon bald in Erfüllung gehen. Mein berufliches Profil passt gut
zu Ihren in der Anzeige aufgeführten Anforderungen.

Im Rahmen meiner weiteren beruflichen Entwicklung suche ich jetzt eine neue Herausforderung,
in die ich meine bisherigen Erfahrungen einbringen und durch die ich mich weiter vervollkommnen
kann. Ich liebe die Herausforderung und habe mehrfach unter Beweis gestellt, außergewöhnliche
Umsatz- und Gewinnsteigerungen realisieren zu können.

Ein Ortswechsel nach Hamburg gefällt mir gut.

Weitere Details zu meinem beruflichen Werdegang und den persönlichen Daten entnehmen
Sie bitte den beigefügten Unterlagen.

In einem persönlichen Gespräch würde ich Sie gerne von meinen Potenzialen überzeugen.
Ich besuche Sie sehr gerne in Hamburg und freue mich auf Ihre Antwort.

Mit freundlichen Grüßen aus München

Anlagen

Sandra Sonnenberger
Kommunikationswirtin
Wilmersdorfer Str. 104
81240 München
Tel: 089-55 34 213
E-Mail: sa.so@t-online.de

Dot Internet Service AG
Human Resources
Frau Steffanie Stoss
Hamburger Allee 11-15

D-2002 Hamburg   20. Oktober 2005

Ihr Inserat in der *Süddeutschen Zeitung* vom 18. Oktober 2005
»Marketing-Managerin mit Vertriebserfahrung«

Sehr geehrte Frau Stoss,

unser Telefonat hat mich nur noch weiter darin bestärkt, Ihnen meine Bewerbungsunterlagen
zu schicken. Vielen Dank für die Zeit, die Sie sich für mich genommen haben.

Hier nochmals kurz meine beruflichen und persönlichen Daten:
Ich bin 32 Jahre alt, studierte Kommunikationswirtin und verfüge über eine 5-jährige
Berufserfahrung, die letzten beiden Jahre als stellvertretende Marketing- und Vertriebsleiterin
für ein großes Mietservice-Unternehmen in der Arbeitsbekleidungsbranche.

Im Rahmen meiner beruflichen Entwicklung suche ich eine neue Herausforderung,
in die ich meine fundierten Marketingkenntnisse (Direktverkauf) und mein Vertriebstalent
(Organisation und Logistik) einbringen kann. Aufgrund meiner Leistungen wurde ich
in den letzten Jahren durch besondere Schulungen, einen 1-jährigen Auslandsaufenthalt
(Londoner Zentrale) und hohe Tantiemen gefördert und belohnt. Ich liebe die Herausforderung
und habe mehrfach unter Beweis gestellt, außergewöhnliche Umsatz- und Gewinnsteigerungen
realisieren zu können.

Da ich ortsungebunden bin und Hamburg sehr mag, könnte ich mir einen Start ab dem
1. April 2006 (eventuell auch etwas früher) gut vorstellen. Meine Gehaltsvorstellungen liegen
bei etwa 70–75 000 EUR p.a.

In einem persönlichen Gespräch würde ich Sie gerne von meinen Potenzialen überzeugen
und freue mich auf Ihre Antwort.

Mit freundlichen Grüßen aus München

Anlagen

Das Anschreiben: 1. Version

Das **Formale** scheint o.k., bis auf einen peinlichen Fehler, ausgerechnet im Namen der Personalchefin (Stos statt Stoss). Im ersten Moment wirkt der Brief insgesamt ansprechend, gut gegliedert, optisch angenehm, selbst wenn uns die Bewerberin nicht genau wissen lässt, wer ihr jetziger Arbeitgeber ist. In ihrer Position (und Gehaltsklasse) darf das schon sein.

Der **Absender**, die Briefkopfzeile, ist nicht langweilig, jedoch könnte man hier zu Recht die E-Mail-Adresse vermissen; schließlich bewirbt sich die Kandidatin bei einem IT-Unternehmen. Wirklich bedauerlich ist aber das Fehlen einer Berufsangabe.

Die **Betreffzeile** ist aussagekräftig.

Die namentliche **Anrede** ist in Ordnung.

Der **Inhalt** wirkt bei genauer Betrachtung schon weniger überzeugend. Der Leser weiß nichts über den beruflichen Ausbildungshintergrund und der Einleitungssatz (viel zu lang) ist sowohl stilistisch als auch inhaltlich sehr unschön, wenig beeindruckend. Hier gibt es Handlungsbedarf. Hinzu kommt: Die Bewerberin macht viele Worte, bringt aber keine echten Verkaufsargumente. Der Hinweis auf die Anlagen ist zwar nicht verkehrt, aber ein bisschen Appetit, eine Kurzzusammenfassung an dieser Stelle wäre wünschenswert. Der Wunsch nach Hamburg umzuziehen, ist einerseits positiv, verliert aber durch die Wiederholung.

Der **Abschluss** ist durchaus sympathisch, wenn man zuvor von der Kandidatin etwas besser bedient worden wäre. Denn leider umgeht oder vergisst sie, zu den gewünschten Informationen (Gehalt, Start) Stellung zu beziehen.

Die **Unterschrift** ist nicht in Ordnung (zu exaltiert, viel zu groß). Die Hinweise auf die Anlagen fehlen nicht.

Das Fazit

Viele Chancen sind nicht wahrgenommen worden, das Ganze wirkt etwas zu sehr nach heißer Luft. Auch wurde nicht vorab telefoniert. Also besser machen, überarbeiten.

Das Anschreiben: 2., verbesserte Version

Das **Formale** ist ordentlich, der Brief wirkt gut gegliedert und optisch angenehm. Jetzt wissen wir auch sofort, mit wem wir es beruflich zu tun haben.

Der **Absender** ist jetzt durch die Berufsangabe und die E-Mail-Adresse komplettiert.

Der **Inhalt** wirkt deutlich aufgeräumt und verbessert. Hier wurde telefoniert und die Bewerberin bringt Verkaufsargumente. Der Hinweis auf die Ortsunabhängigkeit bei gleichzeitiger Sympathieerklärung für Hamburg ist so besser gelöst.

Der **Abschluss** wirkt sympathisch und eine Stellungnahme zu den gewünschten Informationen (Gehalt – klug, eine Spanne zu benennen, möglicher Starttermin) fehlt auch nicht.

Das Fazit

Deutliche Verbesserungen und damit mehr Chancen.

Die Kurzbewerbung

Bevor wir zu weiteren Beispielen von gelungenen schriftlichen Bewerbungsunterlagen kommen und dabei auch einige Kurzformen kennen lernen, hier noch einige Infos zur so genannten Kurzbewerbung. Sie geistert in den Köpfen vieler Bewerber herum, und kaum einer weiß oder fühlt sich sicher, wie diese nun eigentlich zu konzipieren ist.

Entscheidendes Merkmal ist hierbei – wie es der Begriff schon sagt – die Kürze, Schnelligkeit, mit der der Schreiber informiert. Ob es dabei nur um eine oder bis zu drei Seiten geht, ist allein Ihre Entscheidung. Bei einer Seite wird man wohl am häufigsten eine Art Kombination von Anschreiben und wichtigsten Lebenslaufdaten präsentieren. Häufiger werden zwei Seiten verwandt: eine, die das (knappe) Anschreiben transportiert, eine zweite, die die berufliche Entwicklung, den Lebenslauf darstellt. Sehr selten werden dieser Kurzform weitere Anlagen beigelegt (Ausnahmen bestätigen die Regel, so z.B. bei Azubi-Bewerbern, als dritte Seite, die Kopie des letzten Schulzeugnisses).

Besonderer Vorteil einer Kurzbewerbung ist die preisgünstige Herstellung und der Versand. Hier braucht es keine aufwendige Bindung, und die Verpackung ist mit einem üblichen C6-Umschlag portogünstig durchzuführen. Auch auf den Rückversand durch den Empfänger bei Nichtgefallen o.Ä. kann in der Regel verzichtet werden.

Trotzdem sollten Sie in jedem Fall ein Foto von sich auch diesen wenigen Seiten beilegen. Ob dieses ein Originalfoto ist oder »nur« fotokopiert bzw. eingescannt wurde, spielt dabei kaum eine Rolle. Hauptsache, es bringt Sie »gut rüber«.

Unsere Beispiele zeigen Ihnen auch außergewöhnliche Formatwahlen (zum Stichwort »Flyer« siehe Seite 127). Wichtig bleibt jedenfalls, wie bei all Ihren Bemühungen, Ihre konzeptionell gut durchdachte Vorbereitung. Und dass dieses Verfahren völlig o.k. ist für Azubis, junge Hochschulabsolventen und Kandidaten, die weniger als 50.000 EUR im Jahr verdienen, dagegen aber für alle anderen nur sehr schlecht, eigentlich überhaupt nicht geht, dürfte jetzt hiermit auch klar sein.

Lena Lüdecke
Föhrenweg 38
68305 Mannheim
Tel: [0621] 257 95 14
E-Mail: lena.luedecke@gmx.de
http://www.luedecke.de

Herrn
Dr. Wolfgang Tiedig
Rohloff Marketing GmbH
Cäsariusstr. 89

53173 Bonn

Mannheim, 25. Juli 2006

Kurzbewerbung

Sehr geehrter Herr Dr. Tiedig,

wie am Telefon mit Herrn Kupfer besprochen, übersende ich Ihnen hiermit meine Kurzbewerbung.

Ich zeichne mich durch beträchtliche EDV-Kenntnisse aus und habe von 1978 bis 1999 folgende Aus- und Weiterbildungen absolviert: Ausbildung zur technischen Zeichnerin, Abschluss als Industriekauffrau, berufsbegleitende Weiterbildung „EDV-Anwendung in der kaufmännischen Sachbearbeitung" und die Fortbildung „Kaufmännische Fachkraft".

Mit diesem Hintergrund möchte ich gern in Ihrem Unternehmen tätig werden und Sie gewinnbringend unterstützen.

Es wäre schön, wenn Sie mich näher kennen lernen wollen. Ich schicke Ihnen gern die vollständigen Unterlagen zu meiner Person zu.

Mit herzlichen Grüßen

Lena Lüdecke

Kurzlebenslauf

Kurzlebenslauf

Lena Lüdecke

geboren am 04. August 1962 in Zürich
schweizerische Staatsangehörigkeit
seit 1999 in Mannheim
verheiratet

Meine Schul-, Aus- und Weiterbildung

1968 – 1978	Grund- und Hauptschule
1978 – 1981	Ausbildung zur technischen Zeichnerin
1981 – 1983	*Technische Fachhochschule Zürich*
	Zugangsprüfung zur technischen Fachhochschule
	Abschluss (Abitur) als Industriekauffrau
1994 – 1996	*Freie Universität Berlin*
	Berufsbegleitende Weiterbildung „EDV-Anwendung in der kaufmännischen
	Sachbearbeitung" mit IHK-Abschluss
1998 – 1999	*Deutsche Kaufmännische Akademie Berlin*
	Fortbildung „Kaufmännische Fachkraft"

berufliche Tätigkeiten

1985 – 1989	*Aral-Raststätte in Zürich*
	Sachbearbeiterin
1989 – 1991	zweijährige Familienpause
1992	*Verlagsdruckerei Projekt 88 in Zürich*
	Mitarbeit in Organisation, EDV, Grafik, Satz u. Fotografie
	Leiterin der Bildredaktion
1992 – 1995	*Sanitätshaus Schlau in Berlin*
	Sachbearbeiterin mit EDV-Systembetreuung
	Einführung und Optimierung der EDV
seit 11/99	*Telefonseelsorge Mannheim e.V.*
	Systemoptimierung/Aufrüstung der EDV-Anlage
	Schulung der Mitarbeiter
	Öffentlichkeitsarbeit/Spendenmarketing
	Organisation und Vorbereitung der Jubiläumsfeierlichkeiten

Mannheim, 25.7.2006

[Unterschrift: Lena Lüdecke]

Herrn
Dr. Wolfgang Tiedig
Rohloff Marketing GmbH
Cäsariusstr. 89

53173 Bonn

Mannheim, 25. Juli 2006

Kurzbewerbung

Sehr geehrter Herr Dr. Tiedig,

auf Empfehlung von Herrn Oppermann und nach einem freundlichen Telefonat mit Ihrem Assistenten, Herrn Kupfer, überreiche ich Ihnen meine Kurzbewerbung.

Aus persönlichen Gründen strebe ich eine Tätigkeit im Raum Bonn an und könnte Ihnen als EDV-Fachkraft ab 1. September zur Verfügung stehen.

Ich biete Ihnen besondere Fähigkeiten auf den Gebieten:
• EDV, Marketing und Organisation;
• Fotografie und Computergrafik;
• gute soziale Kompetenz, besonders als EDV-Trainerin;
• ein hohes Maß an Selbstständigkeit, Disziplin und Eigenverantwortung;
• die Fähigkeit, schnell innovative Lösungen zu finden.

Meine Berufserfahrungen und fachspezifischen Kenntnisse, die ich während meiner nebenberuflichen Fortbildungen erworben habe, kann ich sicher sehr gut zur Erreichung der Unternehmensziele Ihres Hauses einbringen.

Sehr geehrter Herr Dr. Tiedig, sollte ich mit meiner Kurzbewerbung Ihr Interesse für meine Person als neue Mitarbeiterin geweckt haben, freue ich mich, Sie in einem persönlichen Gespräch von mir zu überzeugen. Meine ausführlichen Bewerbungsunterlagen stelle ich Ihnen gern jederzeit zur Verfügung.

Ich freue mich von Ihnen zu hören und verbleibe

mit freundlichen Grüßen aus Mannheim

Lena Lüdecke

Kurzbewerbung
für den EDV-Bereich von

Lena Lüdecke, Föhrenweg 38, 68305 Mannheim

☎ 0621 – 257 95 14

💻 lena.luedecke@gmx.de, http://www.luedecke.de

geboren am 04. August 1962 in Zürich
schweizerische Staatsangehörigkeit
seit 1999 in Mannheim, verheiratet

EDV-Fachfrau

Mein beruflicher Hintergrund

seit 11/99	**Telefonseelsorge Mannheim e.V.** Systemoptimierung/Aufrüstung der EDV-Anlage Schulung der Mitarbeiter Öffentlichkeitsarbeit/Spendenmarketing Organisation und Vorbereitung der Jubiläumsfeierlichkeiten
1992 – 1996	**Sanitätshaus Schlau in Berlin** Sachbearbeiterin mit EDV-Systembetreuung Einführung und Optimierung der EDV
1992	**Verlagsdruckerei Projekt 88 in Zürich** Mitarbeit in Organisation, EDV, Grafik, Satz u. Fotografie Leiterin der Bildredaktion
1989 – 1991	zweijährige Familienpause
1985 – 1989	**Aral-Raststätte in Zürich** Sachbearbeiterin

Meine Aus- und Weiterbildung

1998 – 1999	**Deutsche Kaufmännische Akademie Berlin** Fortbildung „Kaufmännische Fachkraft"
1994 – 1996	**Freie Universität Berlin** Berufsbegleitende Weiterbildung „EDV-Anwendung in der kaufmännischen Sachbearbeitung" mit IHK-Abschluss
1981 – 1983	**Technische Fachhochschule Zürich** Abschluss als Industriekauffrau
1978 – 1981	Ausbildung zur technischen Zeichnerin

Meine besonderen Kenntnisse

Englisch, Italienisch und Spanisch, Windows 98/XP, Netzwerk, MS-DOS, Word, Excel, Access, Corel Draw, Photoshop, QuakXPress, Internetrecherche u. a.

Christian Claussen
Wilfriedstr. 45
33649 Bielefeld
Tel.: (0521) 357 29 48
E-Mail: Ch.Claussen@gmx.de

Herrn
Direktor Berghausen
Hotel Deutsches Haus
Schwarzer Weg 23

24939 Flensburg

Bielefeld, den 03.10.2005

Ihre Stellenanzeige vom 27.09.2005

Sehr geehrter Herr Berghausen,

anbei sende ich Ihnen meine Bewerbungsunterlagen für die von Ihnen
ausgeschriebene Position, für die ich mich gern bewerben möchte.

Ich bin Betriebswirt für das Hotel- und Gaststättenwesen und zurzeit in einem
Hotel in Bielefeld als Verkaufsleiter in ungekündigter Stellung tätig.

Ihr Hotel und das in der Anzeige beschriebene Aufgabengebiet erscheinen mir
sehr interessant und ich denke, dass ich allen Anforderungen genüge, die Sie dort
aufführen. Nähere Aussagen zu meiner Person entnehmen Sie bitte dem
beigelegten Kurzprofil.

Über eine Einladung zu einem Vorstellungsgespräch würde ich mich sehr freuen.

Mit freundlichen Grüßen

Christian Claussen

Anlage

Kurzbewerbung
von
Christian Claussen
für das Hotel Deutsches Haus in Flensburg

geboren am 04.04.1969 in Stuttgart
verheiratet

Schule und berufliche Ausbildung

08/76 – 06/85	Grund- und Hauptschule in Willingen
07/85 – 07/88	Ausbildung zum Koch im Höhenhotel Berghaus, Wesslingen/Neckar
09/94 – 06/95	Weiterbildung: Berufsoberschule in Münster (Fachschulreife)

Fachschulstudium

09/97 – 06/99	Wirtschaftsfachschule für Hotellerie und Gastronomie in Dortmund
25.06.1999	Abschlussprüfung zum staatlich geprüften Betriebswirt für das Hotel- und Gaststättenwesen mit bestandener Ausbildereignungsprüfung

Berufsausübung

07/85 – 07/88	Ausbildung zum Koch Höhenhotel Berghaus, Wesslingen/Neckar
01/89 – 03/90	Koch Hotel-Restaurant Zur Linde, Heilbronn
04/90 – 03/91	Demi-Chef Entremetier Hotel Hirsch, Fellbach/Schwarzwald
04/91 – 12/92	Chef-Entremetier Hotel-Restaurant Rössle, Waldenburg bei Stuttgart
01/93 – 08/94	Kfm. Angestellter Verkauf (Gastronomie, Abt. Food) REWE-Süd-Großhandel, Spellbach
07/95 – 03/96	Chef-Entremetier / Chef de Rotisseur Hotel-Restaurant Poch, Bellingen
04/96 – 08/97	Stellvertretender Küchenchef (Sous-Chef) Hotel-Restaurant Poch, Bellingen
07/99 – 06/00	Direktionsassistent Astro Hotel, Wiesbaden
07/00 – 12/03	Verkaufsleiter / stellv. Geschäftsführer ABC-Hotel GmbH, Berlin-Tiergarten

Christian Claussen
Staatl. geprüfter Hotelbetriebswirt
Wilfriedstr. 45
33649 Bielefeld
Tel.: (0521) 357 29 48
E-Mail: Ch.Claussen@gmx.de

Herrn
Direktor Berghausen
Hotel Deutsches Haus
Schwarzer Weg 23

24939 Flensburg

Bielefeld, 03.10.2005

Kurzbewerbung

Sehr geehrter Herr Berghausen,

nach einem sehr freundlichen und informativen Telefonat mit Ihrem
Geschäftsführer, Herrn Petersen, sende ich Ihnen
wie vereinbart meine Bewerbungsunterlagen.

Ich bin Betriebswirt für das Hotel- und Gaststättenwesen,
ursprünglich gelernter Koch und zurzeit in einem Hotel in Bielefeld
als Verkaufsleiter in ungekündigter Stellung tätig.

Aus persönlichen Gründen möchte ich mein Wirkungsfeld
nach Flensburg verlagern und bin sehr daran interessiert,
Ihr Haus und das Aufgabengebiet näher kennen zu lernen.

Für alle weiteren Auskünfte stehe ich Ihnen gerne in einem
persönlichen Gespräch zur Verfügung.

Mit freundlichen Grüßen

Christian Claussen

Anlage

Christian Claussen – Staatl. geprüfter Hotelbetriebswirt

Wilfriedstr. 45, 33649 Bielefeld, Tel.: (0521) 357 29 48, E-Mail: Ch.Claussen@gmx.de

geboren am 04.04.1969 in Stuttgart
verheiratet, zwei Kinder, 12 und 16 Jahre alt

Angestrebte Position: Direktor Verkauf und Marketing

Ausgangssituation: seit 01.2004 Verkaufsleiter in ungekündigter Position
Kongresshotel Beierhoff, Bielefeld, ein 280-Bettenhaus
Personalverantwortung: 10 Mitarbeiter
Etatverantwortung: 450 000 EUR

Beruflicher Werdegang

07/00 – 12/03	**Verkaufsleiter / stellv. Geschäftsführer**
	ABC-Hotel GmbH, Berlin-Tiergarten
07/99 – 06/00	**Direktionsassistent**
	Astro Hotel, Wiesbaden
04/96 – 08/97	**Stellvertretender Küchenchef (Sous-Chef)**
	Hotel-Restaurant Poch, Bellingen
07/95 – 03/96	**Chef-Entremetier / Chef de Rotisseur**
	Hotel-Restaurant Poch, Bellingen
01/93 – 08/94	**Kfm. Angestellter Verkauf (Gastronomie, Abt. Food)**
	REWE-Süd-Großhandel, Spellbach
04/91 – 12/92	**Chef-Entremetier**
	Hotel-Restaurant Rössle, Waldenburg bei Stuttgart
04/90 – 03/91	**Demi-Chef Entremetier**
	Hotel Hirsch, Fellbach/Schwarzwald
07/85 – 03/90	**Ausbildung zum Koch / erste Tätigkeit als Koch**
	Höhenhotel Berghaus, Wesslingen/Neckar und
	Hotel-Restaurant Zur Linde, Heilbronn

Fachschulstudium

09/97 – 06/99	Wirtschaftsfachschule für Hotellerie und Gastronomie in Dortmund
25.06.1999	Abschlussprüfung zum staatlich geprüften Betriebswirt für das Hotel- und Gaststättenwesen mit bestandener Ausbildereignungsprüfung

Besondere Kenntnisse und persönliches Engagement

Reservierungssystem „Fidelio-Micro", „HORES", „RIO 80862", Windows XP, MS Office Pro
Vollmitglied in der Hotel Sales and Marketing Association (HSMA)

ALEXANDER ARNDT
Quentinufer 67
32052 Herford
Tel. 05221/345 65 29

Autohaus C. Bremer
Herrn Volker Friedrichsen
Im Schiernholz 8

32049 Herford

Herford, 28. Mai 2006

Sehr geehrter Herr Friedrichsen,

ich möchte Sie gern auf jemanden aufmerksam machen: auf mich.

Wer ich bin?	Alexander Arndt, 50 Jahre alt und ein engagierter und erfahrener KFZ-Schlosser.
Was will ich?	Einen Arbeitsplatz in Ihrem Unternehmen, das ich bereits als Kunde kennen und sehr schätzen gelernt habe. Gern würde ich hier meine Stärken wie Präzision, Geschicklichkeit und Selbständigkeit einsetzen.
Was ich kann?	Ich biete Ihnen langjährige Erfahrung mit den verschiedensten Fahrzeugtypen: VW/Audi, Ford, Volvo und Mercedes. Die Reparatur und Wartung von LKWs gehört auch zu meinem Repertoire, ebenso wie der Führerschein Klasse II. Außerdem bringe ich gute Kenntnisse der hydraulischen, pneumatischen und elektronischen Systeme und Anlagen mit. Eine permanente Fortbildung ist mir sehr wichtig. Daher habe ich verschiedene Schweißerlehrgänge besucht und erfolgreich abgeschlossen. Ich arbeite gern im Team, bin aber dank meines Organisationstalentes und großer Flexibilität auch in der Lage, eigenverantwortlich zu agieren.

Gern sende ich Ihnen weitere Unterlagen zu. Selbstverständlich stehe ich jederzeit zu einem persönlichen Gespräch zur Verfügung.

Mit freundlichen Grüßen

Alexander Arndt

Zur Kurzbewerbung von Lena Lüdecke

Bitte vergleichen Sie die Kurzversion mit den ausführlichen Bewerbungsunterlagen auf ➜ Seite 70 ff.

1. Version

Das relativ knappe **Anschreiben** mit sehr schlichtem Layout enthält alle wichtigen Absender-Adressenmerkmale (E-Mail und Homepage). Auf den ersten Blick fällt auf: Die Betreffzeile ist vielleicht doch ein wenig zu knapp, das Datum korrekt, die persönliche (!) Anrede scheint in Ordnung – bis auf die etwas zu persönlichen, weil herzlichen Grüße (kein schlimmes Problem) und den Hinweis auf den Kurzlebenslauf (schlechte Wortwahl). Auch die Formulierung »übersende ich Ihnen hiermit« ist nicht das Schlimmste an Einleitung. Selbst der zweite Absatz plus Nachsatz erscheint noch passabel. Schrecklich aber der vorletzte Abschlusssatz. Ein Ausrutscher.

Der einseitige **Lebenslauf** wirkt auf den ersten Blick gar nicht so schlecht. Etwas einfach in der Präsentationsform, aber das wäre noch o. k. Trotzdem fehlt etwas, löst die Variante keine große Lust aus, die Kandidatin kennen lernen zu wollen. Vergleichen wir diesen Versuch mit der überarbeiteten Version.

2. Version

Ein etwas modifiertes, ausführlicheres **Anschreiben** (die Hauptargumente kennen Sie aus den ausführlichen Bewerbungsunterlagen, sie sind aber ergänzt worden) und der auf eine Seite als Anlage zusammengefasste **Werdegang** (durchaus mit der entsprechenden Überschrift »Kurzbewerbung«) stehen hier als Beispiel, wie das Ganze auch in einer extrem kurzen Version sehr positiv wirken kann. Die hübsche Präsentation der persönlichen Daten wird noch übertroffen durch die Dreiteilung: »Mein beruflicher Hintergrund« – »Meine Aus- und Weiterbildung« – »Meine besonderen Kenntnisse«. Abfolge und Einteilung sprechen für sich. Ein deutlich interessanteres Angebot (bereits als Unterzeile der Überschrift) in dieser Überarbeitung. Datum und Unterschrift sind nicht unbedingt nötig. Dagegen sollten Sie nie auf ein sympathisches Foto verzichten. In dieser Kurzform ist der Versand in einem normalen DIN-A6-Umschlag (Vorteil: einfaches Briefporto) völlig problemlos.

Zu der Kurzbewerbung von Christian Claussen

Bitte vergleichen Sie die Kurzversion mit den ausführlichen Bewerbungsunterlagen auf ➜ Seite 19 ff.

1. Version

Das **Anschreiben** ist ohne jeden gestalterischen Ehrgeiz gemacht, enthält aber immerhin die E-Mail-Adresse. Beim Datum wieder der typische Fehler (nach der Ortsangabe bitte gleich das Datum ohne »den«). Die Bezugszeile wäre durch ein Stichwort, um welche Position es geht, zu verbessern. Das kurze Anschreiben ist textlich nicht optimal formuliert (zu wage, häufiger Konjunktiv). Der Abstand zwischen der Unterschrift und dem Hinweis auf die Anlagen müsste unbedingt vergrößert werden.

Das beigefügte Blatt **Kurzbewerbung** wirkt auf den ersten Blick nicht schlecht. Die Aufteilung, so ordentlich sie auch scheint, ist denkbar unvorteilhaft. Auf der letzten Zeile finden wir leider nicht den aktuellen Arbeitsplatz, von dem im Anschreiben noch die Rede ist. Das macht dem Leser garantiert keinen Spaß, und so hat sich die Bewerbung schnell erledigt.

2. Version

Ein nettes, recht angenehm getextetes **Anschreiben** mit durchaus anspruchsvollem Layout macht neugierig auf den Kandidaten. Auf der nun folgenden Seite (ohne besondere Überschrift – es geht auch so!) finden wir schnell die uns als Leser interessierenden Infos, um entscheiden zu können: Einladen. Alle positiven Aspekte finden hier auf nur einer Seite angemessenen Platz für eine überzeugende Darstellung. Einstieg wie auch Abschluss – hier muss nicht unbedingt noch unterschrieben werden – sind ansprechend gestaltet. So hat man als Kandidat schnell Erfolg.

Zur Kurzbewerbung
von Alexander Arndt

Bei diesem Beispiel handelt es sich um eine Bewerbung in ihrer minimalsten Form, da sie wirklich nur eine Seite umfasst. Jedoch sind auch hier die wichtigsten Daten des Kandidaten enthalten und geschickt präsentiert.

Als Erstes fällt der interessant »komponierte« Briefkopf auf. Die grafische Gestaltung mit dem grauen Kasten findet ihre Wiederholung im quadratischen Foto und ergänzt sich gut. Dies ist wirklich eine schöne Idee.

Der Kandidat muss über die Firma Erkundigungen eingeholt haben, denn er kann den verantwortlichen Ansprechpartner in Anschrift und Anrede benennen. Dann folgt ein sehr selbstbewusster Einleitungssatz und das Foto. Der Hauptteil des Schreibens ist durch drei selbstgestellte, kurze und klare Fragen gegliedert, die auf der rechten Seite in prägnanter Form beantwortet werden.

Der Bewerber versteht es, für sich in dieser sehr komprimierten Form zu werben. Der Leser wird neugierig und möchte sicherlich mehr erfahren. Die Kurzbewerbung endet auch mit dem Hinweis, dass der Kandidat gern weitere Unterlagen zusendet. Diese Anmerkung ist bei solch einer Bewerbung unabdingbar.

Einziger Kritikpunkt bei diesem Schreiben: Vielleicht kommt es noch nicht deutlich genug heraus, warum sich der Kandidat gerade in diesem Unternehmen bewerben will. Der Hinweis, dass er die Firma als Kunde kennen und schätzen gelernt hat, ist möglicherweise ein zu schwaches Argument.

Wenn auch nur ein kleines Fotoformat, so ist es doch ansprechend und interessant. Die Bewerbung wäre bestimmt erfolgreicher, wenn der Kandidat nicht lächeln würde wie Mona Lisa.

Einschätzung
Eine insgesamt gute und einfallsreiche Kurzbewerbung.

Zwei Flyer als Kurzbewerbung

Nun stellen wir Ihnen zwei Kurzbewerbungen vor, die als so genannte Flyer daherkommen und hier in etwas verkleinerter Form wiedergegeben werden. Im Original füllen diese Flyer ein komplettes DIN-A4-Blatt, vorder- und rückseitig bedruckt. Aber was das Format anbetrifft, ist man in der Gestaltung sowieso relativ frei, wenn man über ein gutes Schneidegerät verfügt. Mit Ihrem PC und einem modernen Textverarbeitungsprogramm lässt sich so ein Flyer oder Folder problemlos herstellen. Klicken Sie z.B. bei »Word« in der Menüleiste auf *Datei*, dann auf *Seite einrichten*, *Papierformat* und zuletzt auf *Querformat*. Richten Sie sich drei Spalten ein oder legen Sie sich eine dreispaltige Tabelle als Grundlage an, und schon kann's losgehen.

Um den Flyer auch aufklappen zu können, wird er von beiden Seiten bedruckt, indem Sie z.B. erst den Innenteil ausdrucken, das Papier umdrehen und dann die beiden äußeren Textabschnitte drucken lassen. Bei unseren Beispielen bleibt die Seite frei, die im zusammengeklappten Zustand den »Rücken« bildet, was aber nicht unbedingt so sein muss und Ihrer Gestaltung überlassen bleibt.

Überhaupt: Die grafischen Darstellungsmöglichkeiten sind vielfältig. Größtes Problem bei dieser Art von Mini-Faltprospekt in eigener Sache ist die Notwendigkeit, mit wenig Text auszukommen. Wer sich dieser Herausforderung stellt und das Problem gut löst, hat wirklich die Essentials seines Angebots herausgearbeitet (hoffentlich!).

Mit einem kurzen Begleitschreiben in Richtung »Sie halten jetzt wahrscheinlich die leichteste Bewerbungsmappe der Welt in der Hand …« kann man sogar hartgesottene Personalchefs immer noch überraschen. Trotzdem sollte diese im Posttarif äußerst günstige Variante nicht dazu verleiten, kopflos Hunderte von Flyern zu verschicken. Nicht die Quantität zählt schließlich, sondern die Qualität.

Diese Form der schriftlichen Kontaktaufnahme stellt eine Alternative dar, die in der Lage ist, Aufmerksamkeit, Interesse und Neugier an Ihrer Person zu wecken. PC-Spezialisten sind in der Lage, sogar ihr Foto einzuscannen, andere arbeiten dazu mit einem Laserkopierer, um das Foto an der richtigen Stelle zu platzieren. Es geht natürlich auch mit einem Originalfoto, das aufgeklebt wird.

Ein Flyer ist auch immer eine besondere Art der Visitenkarte, wenn es z.B. um Erstkontakte auf Messen oder sonstige Zusammenkünfte mit potenziellen Arbeitgebern geht. Schnell bei der Hand und bequem verfügbar, ermöglicht Ihnen der Flyer, Ihre Werbebotschaft auf ansprechende Weise zu überreichen.

1. Ansicht

Sehr geehrter Herr Finger,

Ich

stelle mich ...

Zum Flyer von Holger Heinrich

Das erste Beispiel beginnt mit einer sehr schlichten Titelseite (s. 1. Ansicht). Der Kandidat hat vorn gleich sein Foto positioniert, was – wenn das Bild sympathisch wirkt – wahrscheinlich noch eine größere Zugkraft hat als einleitende Worte. Sie wissen ja: Bild schlägt Text. Originell auch die Formulierung »Ich stelle mich ...«, die der Bewerber dann auf der nächsten Seite aufklärt mit »... Ihnen heute vor«. Sehr selbstbewusst folgt dann die Frage »Vielleicht werde ich ja Ihr neuer Auszubildender zum Reiseverkehrskaufmann?«

Die nächste Seite (s. 2. Ansicht), zwar schlicht und dennoch grafisch sehr ansprechend gestaltet, leitet über zum Lebenslauf. Hier erfährt der Leser neben Adresse und persönlichen Daten in sehr komprimierter Form das Wichtigste über die Schulbildung und außerschulische Interessen (s. 3. Ansicht).

2. Ansicht

... Ihnen heute vor.

Vielleicht werde ich ja
Ihr neuer Auszubildender zum
Reiseverkehrskaufmann?

Köln, 5. April 2006

Meine wichtigsten Daten?
Interessen?
Stärken?

Blättern Sie um!

3. Ansicht

... Ihnen heute vor.

Vielleicht werde ich ja
Ihr neuer Auszubildender zum
Reiseverkehrskaufmann?

Köln, 5. April 2006

Holger Heinrich   Linzer Str. 35
                            50939 Köln
                            ☎ 0221/234 45 32

Persönliche Daten
Geboren: am 3. August 1991
                  in Köln

Eltern: Ernst Heinrich, Friseur
                  Petra Heinrich, geb.
                  Potz, Buchhändlerin

Schulbildung
Grundschule: 1997–2003

Realschule: seit 2003
Abschluss: Sommer 2006

Sprachen: Englisch, Spanisch
                  Französisch

Außerschulische Interessen
Kenntnisse: PC, Internet, Mineralogie
Hobbys: Verreisen, Fußball

Lange habe ich darüber nachgedacht,
welcher Beruf wohl zu mir passt.
Seit einem Praktikum vor einem Jahr
bin ich mir ganz sicher:
Reiseverkehrskaufmann – das wär's.

Mit meinen Eltern bin ich viel verreist,
habe also schon ein bisschen was „von der
Welt" gesehen. Außerdem bin ich sehr
neugierig auf fremde Länder und Kulturen.
Mir macht es Spaß, für die Kunden ein
passendes Reiseziel zu finden. Ich spreche
sehr gut Englisch und auch Französisch.
Spanisch lerne ich an der Volkshochschule
(4. Kurs).

Das sind doch sehr gute Voraussetzungen
für einen angehenden Reiseverkehrskaufmann, oder finden Sie nicht?

Rufen Sie mich an. Ich sende Ihnen auch
gern weitere Unterlagen zu.

Mit freundlichen Grüßen

Holger Heinrich

Recht selbstbewusst und passend zu der aus dem Rahmen fallenden Form dieser Bewerbung ist auch der Text
über die Motivation, weshalb der Kandidat Reiseverkehrskaufmann werden möchte. Und selbst im letzten Satz bleibt er sich treu: Statt des üblichen »... ich
freue mich, wenn ich ...«, um auf die Gesprächsein-
ladung hinzuweisen, schlägt er kurz und knapp vor:
»Rufen Sie mich an.« Wichtig: der Hinweis, dass weitere
Unterlagen folgen können. Vielleicht ist der Adressat
neugierig geworden, möchte aber noch mehr wissen,
bevor er den Bewerber persönlich einlädt.

Einschätzung
Eine gelungene, schlichte und selbstbewusste Form der
eigenen Darstellung, der wir die Note »gut« geben.

1. Ansicht

Sehr geehrte Frau Kölling-Jung,

**hätten Sie ein paar
Minuten Zeit für mich?
Ich möchte mich Ihnen
gern vorstellen.**

Zum Flyer von Jenny Jürgens

Das zweite Beispiel fängt auch mit einer sehr einfachen ersten Seite an, auf der die Kandidatin die Adressatin namentlich benennt, ihr direkt eine Frage stellt und den Wunsch äußert, sich vorzustellen (s. 1. Ansicht).

Auf der nächsten Seite (s. 2. Ansicht) geht die Bewerberin auf ihr Ziel ein, das sie in einem Satz kurz ausdrückt. Die Worte »Mein Ziel …« werden durch eine schattierte Überschriftenleiste betont. Eine schöne Idee!

Nach der Nennung des Ziels wird am Anfang der dritten Seite noch einmal der Bewerbungsgrund genannt. Es folgen Foto sowie Name und Anschrift. Am Schluss gelingt mit einer direkten Frage »Möchten Sie mehr über mich wissen?« und den Worten »Dann blättern Sie doch einfach um …« ein guter Übergang zur nächsten Seite (s. 3. Ansicht).

2. Ansicht

Mein Ziel ...

*... und deshalb bewerbe ich mich
heute bei Ihnen.*

*... ist es, bei Ihnen als Marketingreferentin
zu arbeiten. Mein Wissen, Engagement
und meine Erfahrungen möchte ich sehr
gern in den Dienst der Deutschen Bahn AG
stellen ...*

Hamburg, 15. März 2006

Jenny Jürgens

Jenny Jürgens
Wirtschafts- und Politikwissenschaftlerin
Sandhafer 4
21149 Hamburg
Tel. 040/856 45 38
E-Mail: j.juergens@addcom.de

*Möchten Sie mehr über mich wissen?
Dann blättern Sie doch einfach um ...*

3. Ansicht

Mein Ziel ...	*Meine wichtigsten Daten ...*	*Meine Pluspunkte ...*
	geboren am 18.10.1977 in Schleswig ledig, ortsungebunden Diplom in BWL und Politologie	* entscheidungsstark
		* selbstkritisch
	Honorartätigkeit: Werbeagentur Strieder, Hamburg seit 4/02	* unternehmerisches Denken
... ist es, bei Ihnen als Marketingreferentin zu arbeiten. Mein Wissen, Engagement und meine Erfahrungen möchte ich sehr gern in den Dienst der Deutschen Bahn AG stellen ...	*Praktika:* u.a. in den Bereichen Marketing, Incentives, Betriebsorganisation, Marktanalysen (Bayer, Aventis, Reemtsma)	* kundenorientiertes Handeln
		* zukunftsorientiert mit Augenmaß für das Machbare
	Studienschwerpunkte: Wirtschaftswissenschaften: Marktforschung, Marketingmanagement u. -instrumente; Politologie: u.a. Organisationssoziologie, neue Managementkonzepte, Meinungs-management	* überzeugende fachliche Voraussetzungen
Hamburg, 15. März 2006		* starke Lernbereitschaft
Jenny Jürgens		*und nicht zu vergessen:*
	Weiterbildung: Teilnahme an diversen Fachveranstaltungen	* großer Spaß an der Arbeit!
	Sprachkenntnisse: Englisch, Französich, Italienisch, Polnisch	

Unter der wiederum schattierten Überschrift »Meine wichtigsten Daten …« sind die persönlichen Daten und ein prägnant verfasster Lebenslauf mit Themenblöcken aufgelistet. Diese sind durch Fett- und Kursivdruck betont. Der Leser bekommt so einen guten Überblick und wird hoffentlich neugierig, mehr über die Kandidatin zu erfahren.

Die letzte Seite führt unter einer gleich akzentuierten Überschrift »Meine Pluspunkte …« die wichtigsten Stärken der Bewerberin auf, die durch Aufzählungszeichen betont werden. Am Schluss wird als letzter Aspekt »der Spaß an der Arbeit« besonders hervorgehoben. Bravo, ein gelungenes Ende!

Bei diesem Flyer sehen Sie, wie man durch eine dezente Schattierung und andere Formatierungen gewisse Punkte noch unterstreichen kann. Dadurch hebt man sich bestimmt von der breiten Masse ab. Aber seien Sie vorsichtig und gestalten Sie Ihren Werbeprospekt nicht mit zu vielen verschiedenen grafischen Mitteln: Weniger ist oft besser als mehr.

Einschätzung

Eine einfallsreiche und ins Auge fallende Gestaltung, die durch eine farbliche Akzentuierung erzielt wird. Note: »gut«.

Zum Foto: Auch hier ist das Querformat und die interessante Kopfhaltung Grund für das Betrachterinteresse und die etwas längere Verweildauer. Das schafft zusammen mit der außergewöhnlichen Bewerbungsform Pluspunkte und führt zur gewünschten Einladung.

Die Präsentation

Formvollendet bis zum Schluss

Die gewissenhafte Vorbereitung hat zu gelungenen schriftlichen Bewerbungsunterlagen geführt. »Jetzt bloß schnell weg mit dem Zeug«, denkt sich der strapazierte Arbeitsplatzsucher. Alles in die Tüte, und ab geht die Post. Weit gefehlt. Nach einer sorgfältigen Durchsicht, ob auch alles beieinander, in der richtigen Reihenfolge und unterschrieben ist, müssen mit der gleichen Sorgfalt auch Verpackung und Versand organisiert werden.

Verpackung

Sie haben jetzt alle Unterlagen für Ihre Bewerbung zusammengetragen. Der Stapel liegt vor Ihnen: hoffentlich blütenweiß (oder in dezentem Farbton) ohne Eselsohren und Flecken.

Es geht nun darum, den kostbaren Stapel möglichst ästhetisch zu verpacken und damit auf den Inhalt neugierig zu machen. Vielleicht wählen Sie eine etwas anspruchsvollere Präsentation. Sehen Sie sich mal in Ihrem Schreibwarengeschäft bzw. Kopierladen um, was da alles zur Auswahl steht: Edle Mappen, Klemmmappen und Einlegesysteme (z.B. Thermobindesysteme, Vollmappen, Spiralbindesysteme usw.) bieten sich je nach Bewerbungsvorhaben an.

Wir möchten Sie aber auch vor zu viel Perfektionismus warnen: Eine Einlegemappe, in der jedes Dokument einzeln in Klarsichthüllen präsentiert wird, könnte Ihnen leicht als Zwanghaftigkeit ausgelegt werden. Achten Sie auch auf die Farbauswahl: Rosa z.B. kommt nicht so gut an, Weiß ist neutral, dazwischen gibt es eine große dezent-bunte Farbpalette. Verzichten Sie auf Muster und alle Arten von Gags.

Profis bzw. Bewerber für hoch angesiedelte Posten achten sogar auf das Material ihrer Präsentationsmappen. Glattes Plastik ist verpönt, natürliche Materialien dagegen sind in. Zum Beispiel gibt es inzwischen dank des Öko-Trends eine große Auswahl an farbigen und stabilen Pappen.

Versand

Überprüfen Sie nochmals, ob Ihre Unterlagen auch vollständig sind. Dann stecken Sie alles in einen ausreichend großen Umschlag mit verstärktem Papprücken. Eventuell können Sie auch einen wattierten Umschlag wählen; er sollte aber nicht zu groß sein, das wirkt wichtigtuerisch.

Das Anschriftenfeld und Ihr Absender müssen mit der gleichen Sorgfalt behandelt werden wie Ihre Unterlagen. Achten Sie auf Ihre Handschrift. Einer Bewerberin, die ihre Bewerbungsunterlagen bei einer großen Firma an der Pforte abgab, sagte der Pförtner: »Die Handschrift ist schon mal gut.« Man beachte: Die Aufmerksamkeit des Unternehmens bezüglich der Form hatte sich herumgesprochen. Sogar der Pförtner wusste: Was vielversprechend aussieht, hat vermutlich auch ein viel versprechendes Innenleben.

Wer sich und seiner Handschrift einen derartigen Effekt nicht zutraut, beschriftet Etiketten (Aufkleber für Adresse und Absender) mit der Schreibmaschine bzw. dem PC-Drucker.

Auch die Briefmarken sind sorgfältig zu kleben. Überlassen Sie das besser nicht einem gestressten Schalterbeamten, der die Dinger kreuz und quer auf den Umschlag knallt. Bitten Sie wenn möglich um Sonderbriefmarken, frankieren Sie richtig! Nichts ist ärgerlicher, als wenn Ihr Adressat erst mal Porto nachzahlen muss. Das fällt dort jedem auf, da die Post Nachzahlungen mit überdimensionalen Kreidezahlen auf dem Umschlag zu markieren pflegt. Es versteht sich eigentlich von selbst: Auf den Umschlag gehören keine witzigen Bemerkungen, keine Abziehbildchen und keine Politik-Aufkleber.

Wählen Sie keine Post-Sonderzustellung, wie z.B. Einschreiben oder Eilzustellung. Das wirkt zwanghaft, aufdringlich und drängelnd.

Übergabe

Wenn Sie am Ort Ihrer Bewerbung bzw. in der Nähe wohnen, haben Sie eine weitere Möglichkeit, Ihre Unterlagen an den Mann oder die Frau zu bringen: Geben Sie die Bewerbungsunterlagen persönlich ab! Fragen Sie sich im Unternehmen bis zur richtigen Stelle durch. Nutzen Sie die Gelegenheit für ein Schwätzchen mit der Sekretärin. Das hinterlässt bleibenden Eindruck. Man wird Sie mit Sicherheit nicht so einfach stehen lassen, sondern ein paar freundliche Worte mit Ihnen wechseln. Wenn Sie Glück haben, macht die Sekretärin dem Chef gegenüber eine nette Bemerkung über Ihre Person.

Schriftliche Bewerbungssonderformen: Chiffreanzeige und Kurzbewerbung

Mancher Bewerber fürchtet, sich bei einer Chiffreanzeige unwissentlich bei seinem derzeitigen Arbeitgeber zu bewerben. Um dies zu verhindern, empfiehlt es sich, einen »Sperrvermerk« zu verwenden. Das bedeutet: Die Bewerbungsunterlagen für die Chiffreanzeige kommen in einen doppelten Umschlag. Der erste erhalt die Chiffrenummer, den zweiten adressieren Sie zusammen mit einem Begleitschreiben an die Anzeigenabteilung der betreffenden Zeitung. Im Schreiben an die Zeitung bitten Sie darum, die Bewerbungsunterlagen in dem separaten Umschlag nur dann weiterzuleiten, wenn der Anzeigeninserent nicht die Firma XY ist. Andernfalls bitten Sie um Rücksendung mit dem Zusatz »Porto zahlt Empfänger« oder Sie fügen einen frankierten Rückumschlag bei.

Auf Chiffreanzeigen können Sie mit einer Kurzbewerbung antworten (s. S. 115). Die weiteren Unterlagen reichen Sie erst nach, wenn dies ausdrücklich gewünscht ist. Weisen Sie jedoch in Ihrem Anschreiben darauf hin, dass Sie auf Wunsch gern eine ausführliche Bewerbungsmappe einsenden.

Bei Chiffreanzeigen und bei Kurzbewerbungen ist es durchaus üblich, den derzeitigen Arbeitgeber zu umschreiben, statt den konkreten Namen zu nennen. Z.B. schreiben Sie anstelle von »Ich arbeite bei der Optikerfirma Fielmann in Berlin«: »Ich arbeite in der Filiale eines großen deutschen Optiker-Einzelhandelsunternehmens«. Die Kunst besteht bei dieser Variante darin, die derzeitige Tätigkeit möglichst genau zu beschreiben, ohne den aktuellen Arbeitgeber zu benennen.

Denn genauso, wie Unternehmer bisweilen für sich in Anspruch nehmen, zunächst inkognito zu bleiben, so können auch Sie Gleiches geltend machen. Sie sind nicht verpflichtet, sich in dieser ersten Bewerbungsphase zu »outen«.

Jeder Bewerber hat ein berechtigtes Interesse, seine Veränderungsabsichten nicht zu früh publik zu machen. Der künftige Arbeitgeber könnte ja den bisherigen anrufen und Ihren jetzigen Vorgesetzten neugierig fragen: »Wie sind Sie denn mit XY zufrieden?«. Sie hätten dann vermutlich an Ihrem Noch-Arbeitsplatz mit Nachteilen zu rechnen.

Das lässt sich auch auf andere Art und Weise verhindern. Den künftigen Chef können Sie von Nachfragen an Ihren derzeitigen zurückhalten, indem Sie in Ihrem Schreiben die deutliche Bitte formulieren, alle Angaben strikt vertraulich zu behandeln.

Ein erfolgreiches Beispiel

In dieser Praxismappe haben Sie immer wieder erfolgreiche (und weniger erfolgreiche) Beispiele für Bewerbungsunterlagen gesehen, die als Gesamtschau praktisch verdeutlichen, was wir Ihnen vermittelt haben.

Der Eindruck einer Bewerbungsmappe kann auf den Buchseiten natürlich nur fragmentarisch wiedergegeben werden. Bindungssystem, Deckel, Rücken, Papiersorte und -farbe sowie die Zeugnisunterlagen fehlen. Vorder- und Rückseite sind lediglich aus Platzgründen bedruckt. In der Realität wird die Rückseite immer frei bleiben (Ausnahmen bestätigen die Regel).

Auch wenn die Beispiele in diesem Buch weitgehend für sich alleine sprechen, haben wir jeweils einen kurzen Kommentar beigefügt, um problematische wie besonders gelungene Passagen zu würdigen.

Selbstverständlich sind die gezeigten Beispiele erfolgreich in der realen Bewerbungspraxis eingesetzt worden. Gleichwohl mussten wir Personen, Daten, Orte, Arbeitgeber, Ausbildungsgänge, Berufstätigkeiten, Zeiten etc. chiffrieren. Ähnlichkeiten mit realen Personen wären also rein zufällig. Sollten Sie detektivisch auf gewisse »Ungereimtheiten« stoßen, bitten wir um Verständnis. Diese erklären sich aus den eben genannten Gründen.

Im Wesentlichen geht es uns bei den dargestellten Beispielen darum, Ihnen zu zeigen, welche Palette an Darstellungsmöglichkeiten Sie bei der Gestaltung Ihrer Bewerbungsmappe haben.

Warnen möchten wir Sie allerdings davor, der Versuchung anheim zu fallen, einfach nur die verwendeten Formulierungen abzuschreiben. Sie sollten sich in jedem Fall der sicherlich zeitaufwendigen Aufgabe stellen, eine eigene (Werbe-)Botschaft zu formulieren und dabei Ihren eigenen, ganz persönlichen Stil zu entwickeln. Die für die Ausarbeitung einer solchen Bewerbungsmappe durchschnittlich benötigte Zeit liegt bei etwa 30 bis 40 Stunden. In unserem *Büro für Berufsstrategie* haben wir die Bewerber in der Entwicklung und Realisation etwa drei bis vier Stunden beraten. Meistens waren drei größere Korrekturgänge notwendig.

Zum Abschluss sehen Sie noch einmal ein gutes, erfolgreiches Beispiel für eine Bewerbungsmappe.

Sarah Schönebeck
Erlemannstr. 56
54294 Trier
Phone, FAX (0651) 238 60 73
E-Mail: sarah.schoenebeck@compuserve.com

Hardenberg Consulting
Herrn Franz von Kampen
Großmannstr. 47

01187 Dresden

Trier, 01.12.2005

Ihre Anzeige in der Frankfurter Allgemeinen Zeitung vom 26.11.2005
Bewerbung Unternehmensberaterin

Sehr geehrter Herr von Kampen,

nach unserem ausführlichen und, wie ich finde, sehr angenehmen Telefonat,
für das ich mich nochmals bedanken möchte, hier meine Unterlagen.

Ich bin Literaturwissenschaftlerin und Philosophin und verfüge bereits über
Erfahrungen in verschiedenen Zweigen der Unternehmensberatung. Mein Motiv,
mich Ihnen vorzustellen, liegt in meinem Wunsch begründet, Unternehmens-
probleme zu analysieren und konkreten Lösungen zuzuführen.

Zu meinen Stärken gehören konzeptionelles Denken und eine ausgeprägte
Kommunikationsfähigkeit sowie ein planerisches und zielorientiertes Vorgehen
in meiner Arbeitsweise.

Wenn ich Ihr Interesse an einer Mitarbeit durch meine Bewerbungsunterlagen
geweckt habe, sodass wir unser Gespräch bei einem Vorstellungstermin fortsetzen
können, freue ich mich, Sie in Dresden zu besuchen.

Ich grüße Sie herzlich

Sarah Schönebeck

Anlagen

PS: Besonders gerne würde ich an unsere Erörterung zum Thema Headhunting und Ethik
anknüpfen!

Sarah Schönebeck
Bewerbungsunterlagen

Wer ist ...

Sarah Schönebeck?

Warum studiert jemand Allgemeine und Vergleichende Literaturwissenschaft und Philosophie?

Bei mir war es das Interesse für die verschiedenen Arten, wie Menschen die Welt sehen, beurteilen und darstellen. Literatur und Philosophie sind die Medien, in denen verschiedene Kulturen und Lebensformen ihren stärksten Ausdruck finden. Will man sie wirklich kennen lernen, dann bleibt kein anderer Weg, als ihre Analyse zu erlernen.

Und wie entsteht dann der Wunsch, bei einer Unternehmensberatung wie Hardenberg Consulting zu arbeiten?

Mir wurde klar, dass für den wirtschaftlichen Sektor ähnliche Regeln wie für die komplexen Zusammenhänge in Kultur und Philosophie gelten. Meine Erfahrung zeigt mir, dass die wichtigste Aufgabe häufig darin besteht, die richtigen Fragen zu stellen, um Systeme in ihrer Funktionsweise analysieren und gegebenenfalls modifizieren zu können. Ähnliches gilt für Literatur und philosophische Systeme.

Natürlich gehört zu meinen Erfahrungen auch, dass für praktische Veränderungen nicht theoretische Konstruktionen, sondern gewachsene Strukturen prägend sind. Fast immer sind vor allem genaues Beobachten, Zuhören und Verständnis Voraussetzungen für die Lösung eines Problems. In solchen Fällen hilft mir immer wieder mein Interesse für fremde Denk- und Handlungsweisen. Deren genaue Analyse ist jedoch, wie in Literatur und Philosophie, nur der erste Schritt zu wirklicher Veränderung.

Sarah Schönebeck

Trier, 01.12.2005

Zur Person Sarah Schönebeck

geboren am 23.03.1978 in Idar-Oberstein
ledig, ortsungebunden

Freitzeitaktivitäten

Klassische Musik (Klavier), Schach, Jogging, Basketball

1992 – 1996	Leitung einer Jugendgruppe (Teilnahme an einem Lehrgang für Jugendgruppenleiter)
1996 – 1997	Mitglied einer Schülertheatergruppe, Redaktionsmitglied einer Schülerzeitung

Tätigkeiten

Sommer 1996	Sechswöchiges Verlagspraktikum bei Reclam, Stuttgart
01.04.2002 bis 30.03.2004	Studentische Hilfskraft am Institut für Vergleichende Literaturwissenschaft der Universität Trier (Prof. Dr. Hoffmann) Die Tätigkeit umfasste u.a. die Mitarbeit an Publikationen, Vorträgen sowie die Entwicklung und Organisation unterschiedlicher Seminare
Seit 2002	Mitarbeit in einer EDV- und Organisationsberatung
Sommer 2004	Dreimonatiges Praktikum in einer Unternehmensberatung
Seit Januar 2005	Freiberufliche EDV-Beraterin

Studium

01.10.1998 bis 31.03.2005	Studium an der Universität Trier Fächer: Allgemeine und Vergleichende Literaturwissenschaft und Philosophie; außerdem Theaterwissenschaft und Spanisch Magisterarbeit über „Hermeneutische Untersuchungen am Beispiel kleiner Erzählformen des Realismus in der Europäischen Nationalliteratur"
21.01.2003	Teilnahme an der Tagung „Chaos und Fraktale" der Stiftung Carolingia in Frankfurt am Main
28. – 30.08.2004	Teilnahme am Symposium „Kunst und Ästhetik in der Rezeption des modernen Dramas" der Humboldt-Universität in Berlin
Mai 2005	Studienabschluss mit Note: „Sehr gut"

Auslandsaufenthalte

Sommer 1991	8-wöchiger Feriensprachkurs in Cambridge, England
Sommer 1993	6-wöchiger Feriensprachkurs in Nancy, Frankreich
Sommer 1995	Schüleraustausch mit einer Partnerschule in Paris

Schulbildung

1984 – 1997	Grundschule und Gymnasium in Idar-Oberstein Abschluss: Abitur Note: 1,3

Sprachkenntnisse

Englisch (fließend), Französisch (sehr gute Kenntnisse),
Italienisch (Grundkenntnisse)

Sonstige Kenntnisse

Umfangreiche Kenntnisse im Bereich DOS/Windows,
Apple Macintosh, Internet

Trier, 01.12.2005

Sarah Schönebeck

Sarah Schönebeck
Erlemannstr. 56
54294 Trier
Phone, FAX (0651) 238 60 73
E-Mail: sarah.schoenebeck@compuserve.com

Hardenberg Consulting
Herrn Franz von Kampen
Großmannstr. 47

01187 Dresden

Trier, 21.12.2005

Vorstellungsgespräch am 19.12.2004
Meine Bewerbung als Unternehmensberaterin

Sehr geehrter Herr von Kampen,

ich möchte Ihnen und Ihren Partnern Herrn Dr. Hecht und Herrn Porz für die informative Begegnung danken. Schnell habe ich mich in Ihrer Gesprächsrunde wohl und vertraut gefühlt, obgleich so ein Vorstellungsgespräch für mich doch keine „leichte Übung" ist.

Besonders durch die von Ihnen geschilderten unternehmerischen Aktivitäten und Ziele und durch die Erläuterungen über mein potenzielles Tätigkeitsfeld fühle ich mich erneut darin bestärkt, wie gut mein Wissen und mein Engagement zu Ihrem Unternehmen passen können.

Vielleicht ist es mir nicht ausreichend gelungen, die Eigenschaften herauszustellen, die mich speziell für die zu besetzende Position qualifizieren. Im Nachhinein möchte ich gern hinzufügen, dass

- mein Organisationstalent,
- Erfahrungen in der interdisziplinären Zusammenarbeit (Studium, Beratungs-
  hintergrund),
- Kommunikations- und Lernfähigkeit,
- meine besondere Stressresistenz
- sowie meine Eigenschaft, Ziele konsequent zu realisieren,

gute Voraussetzungen für die Unternehmensberatung darstellen.

Wenn Sie mir – wie in Aussicht gestellt – bei der Wohnungsbeschaffung behilflich sind, sehe ich einem erfolgversprechenden Start recht bald im neuen Jahr mit Freude entgegen.

Ich freue mich darauf, von Ihnen zu hören, und verbleibe

mit herzlichen Grüßen

Sarah Schönebeck

Zu den Unterlagen von Sarah Schönebeck

Ein persönliches **Anschreiben** mit dem besonders freundlichen Dank für das Telefonat und einem ansprechenden Briefkopf (wenn auch nicht unbedingt normgerecht) vermittelt in relativer Kürze und gut lesbar alle relevanten Informationen. Außerordentlich geschickt hat die Bewerberin ein PS platziert. Sie vermittelt, dass sie bei ihrem Anruf bereits durchaus ein kompetentes Gespräch geführt hat (und erinnert damit nochmals an den schon entstandenen positiven Eindruck).

Ein außergewöhnlich selbstbewusst gestaltetes **Deckblatt.**

Überraschend: die **erste Seite**. Mit einem das Selbstbewusstsein des Deckblatts fortsetzenden Fotoformat eröffnet die Bewerberin die schriftliche Information mit der selbstgestellten Frage »Wer ist …«. Statt einer Antwort zwei weitere zentrale Fragen, bei deren Beantwortung die Bewerberin dem Leser nichts schuldig bleibt. Ein ungewöhnlicher Einstieg, der aber einschließlich der grafischen Gestaltung der Hauptüberschrift (»Wer ist …«) einen gewissen Reiz ausübt und neugierig auf die Kandidatin macht. Insgesamt: Inhaltlich interessanter, gut zu lesender Text mit wirklich wichtiger Botschaft.

Der **Lebenslauf** auf den zwei folgenden Seiten ist grafisch ansprechend gestaltet. Sehr klug vermittelt er das von der ersten Seite der Unterlagen an spürbare Hauptanliegen der Bewerberin, ihre Persönlichkeit in das Zentrum der Aufmerksamkeit zu rücken. Mutig: Nach den persönlichen Angaben mit Freizeitaktivitäten fortzusetzen. Die Gliederung der relevanten Daten hat konservativ-klassischen Zuschnitt, deren Variationen wirken jedoch leider ein bisschen unruhig und sind nicht wirklich lesefreundlich. Die Gliederung ist leider nicht annähernd so spannend, wie es der mutige Anfang hätte vermuten lassen.

Auf die **Anlagen** und das vorgeschaltete **Anlagenverzeichnis** haben wir wieder aus Platzgründen verzichtet.

Zusätzlich ist dieser Mappe das Beispiel eines sog. **Nachfassbriefes** beigefügt. Hier bedankt sich die Kandidatin freundlichst für das Vorstellungsgespräch und bringt noch einmal die für sie sprechenden Argumente geschickt rüber.

Einschätzung

Eine interessante Bewerbungsmappe mit einem überzeugenden Beispiel für einen Follow-up-Brief nach einem Vorstellungsgespräch. Hier finden Sie alle guten Argumente in werbepsychologisch geschickter Formulierung.

Was Sie noch wissen sollten ...

Wir sind nicht auf der Welt, um so zu sein, wie andere uns haben wollen

Das Autorenteam Hesse/Schrader ist seit über 20 Jahren auf dem Sektor der Bewerbungsratgeber sowie zu weiteren Themen aus der Arbeitswelt publizistisch tätig und hat im Laufe dieser Zeit mehr als 150 Bücher veröffentlicht. Am Anfang stand die erstmalige Veröffentlichung aller gängigen so genannten Intelligenztests und deren kritische Reflexion in dem Buch *Testtraining für Ausbildungsplatzsuchende* (1985). Ebenfalls Neuland zum Bereich »Überleben in der Arbeitswelt« erschloss ihr Buch *Die Neurosen der Chefs – die seelischen Kosten der Karriere* (1994).

Von besonderem Interesse für den Leser dieses Buches dürfte auch die Reihe »Die perfekte Bewerbungsmappe« sein – Bücher im DIN-A4-Format, die zahlreiche Beispiele im Originalformat zeigen und auf die unterschiedlichen Situationen von Bewerbergruppen (Azubis, Hochschulabsolventen, Führungskräfte) eingehen. Auch die Bücher *Networking als Bewerbungs- und Karrierestrategie, Das erfolgreiche Stellengesuch, Telefonieren – der direkte Weg zum neuen Job* behandeln Themen, die Bewerbungsvorhaben innovativ unterstützen. Weitere sehr hilfreiche Bücher sind *Optimale Bewerbungsunterlagen: Strategien für die Karriere,* die *Praxismappe für das perfekte Arbeitszeugnis* (ebenfalls im DIN-A4-Format) und *Das erfolgreiche Vorstellungsgespräch.*

Beide Autoren verfügen über eine langjährige Erfahrung als Seminarleiter bei Bewerbungstrainings. Ein besonderes Interesse gilt der gewerkschaftlichen Bildungsarbeit in Form von Anti-Mobbing- und Konfliktmanagement-Seminaren.

1992 gründeten sie in Berlin das *Büro für Berufsstrategie,* das ausschließlich Arbeitnehmer in allen erdenklichen beruflichen Fragen berät und unterstützt. Mehr als 20 Jahre Buchpublikationen und über 12 Jahre tägliche Beratungsarbeit mit Kandidatinnen und Kandidaten, die das *Büro für Berufsstrategie* aufsuchen, zeichnen die Autoren als kompetent und praxiserfahren aus.

Wenn Sie persönliche Anregungen wünschen, Rat und Unterstützung brauchen, wenden Sie sich bitte an das *Büro für Berufsstrategie:*

Büro für Berufsstrategie
Hesse/Schrader
Oranienburger Straße 4–5
10178 Berlin
Tel.: (0 30) - 28 88 57 - 0
Fax (0 30) - 28 88 57 - 36
www.berufsstrategie.de

Bitte beachten Sie auch unsere Büros in Frankfurt, Stuttgart, Hamburg und München.

So machen Sie eine gute Figur

Hesse|Schrader
Praxismappe
für das überzeugende
Vorstellungsgespräch
Das persönliche
Coachingprogramm
mit zahlreichen Übungen und
Beispielen
Mit CD-Rom
112 Seiten · broschiert
Großformat
€ 15,90 · sFr 27,90
ISBN 3-8218-5904-0

berufsstrategie

Das erfolgreiche Vorstellungsgespräch ist der Schlüssel für den persönlichen Erfolg. Erstmals haben die Karriereprofis Hesse/Schrader ihr in vielen Seminaren erprobtes Coachingprogramm für dieses Buch detailliert umgesetzt. Dabei werden nicht nur alle wichtigen Fragen und die passenden Antworten im Vorstellungsgespräch vorgestellt. Mit vielen praktischen Übungen, Beispielen und Illustrationen lernen Bewerber zudem Schritt für Schritt, wie sie ihre Kompetenz, Leistungsmotivation und Persönlichkeit überzeugend vermitteln, Sympathie mobilisieren und die Personalverantwortlichen für sich einnehmen.

Mit der beiliegenden **CD-ROM** haben Bewerber zudem die Möglichkeit, sich **noch besser und intensiver auf das Vorstellungsgespräch vorzubereiten.** Viele zusätzliche Infos, Checklisten und Arbeitsblätter für alle Phasen der Bewerbung machen die *Praxismappe für das perfekte Vorstellungsgespräch* zu einem unverzichtbaren Begleiter auf dem Weg zum neuen Job.

Kaiserstraße 66
60329 Frankfurt
Telefon 069 / 25 60 03-0
Fax 069 / 25 60 03-30
www.eichborn.de

Wir schicken Ihnen gern ein Verlagsverzeichnis.

Welche Tür führt Sie zum Erfolg?

Mit uns macht Ihr Können Karriere.

Das Büro für Berufsstrategie Hesse/Schrader bietet Ihnen individuellen Rat und professionelle Unterstützung rund um die Themen Beruf und Karriere. Unsere Seminare stärken und entwickeln Ihre persönlichen Kompetenzen – praxisnah und Gewinn bringend.

Beratung & Trainings

- Bewerbungsunterlagen
- Karriereplanung
- Bewerbungsstrategien
- Coaching
- Berufsorientierung
- Arbeitszeugnisse
- Potenzialanalysen
- Vorstellungsgespräche
- Outplacement
- Assessment Center
- Einstellungstests
- Arbeitszeugnis-Check
- Bewerbungs-Check

Seminare

- Rhetorik
- Präsentation
- Zeitmanagement
- Verhandlungsführung
- Telefontraining
- Mitarbeitergespräche
- Konfliktmanagement
- Moderieren
- Networking
- Selbstbewusstsein
- Akquirieren
- Führungskräftetraining
- Small Talk

Informationen unter
www.berufsstrategie.de
info@berufsstrategie.de
und in unseren Filialen:

Büro für Berufsstrategie Hesse/Schrader

Oranienburger Straße 4-5
10178 Berlin
Telefon   030 / 28 88 57-0
Zentralfax 030 / 28 88 57-36

Niddastraße 52
60329 Frankfurt/Main
Telefon 069 / 74 30 48 70

Sophienstraße 41
70178 Stuttgart
Telefon 0711 / 6 15 49 41

Kurze Mühren 1
20095 Hamburg
Telefon 040 / 32 90 12 53

Landsberger Straße 302
80687 München
Telefon 089 / 90 40 57 80

Karriere-Gutschein

Mit diesem Coupon erhalten Sie einen Rabatt von 10% auf

- Beratungen und Coachings
- Karriereseminare und Bewerbungstrainings
- Checks von Zeugnissen und Bewerbungsunterlagen

Pro Person kann nur ein Original-Gutschein geltend gemacht werden. Bitte bei der Anmeldung zu einem Beratungstermin, Seminar oder Check einsenden. Termine und Informationen unter www.berufsstrategie.de.

Büro für Berufsstrategie
Hesse/Schrader
Die Karrieremacher.

www.berufsstrategie.de